글 래 머 러 스 발 i

glamorous
BALI

김수민 지음

중앙books

content

글래머러스 발리 사용법
이 책은 오직 '즐거움'만을 목표하는
여행자를 위한 길잡이입니다. 발리의
젊은 여행자들이 가장 좋아하는 공간과
놀이법을 가려 뽑았으니, 취향껏 골라
나만의 여행 코스를 설계해 보세요!

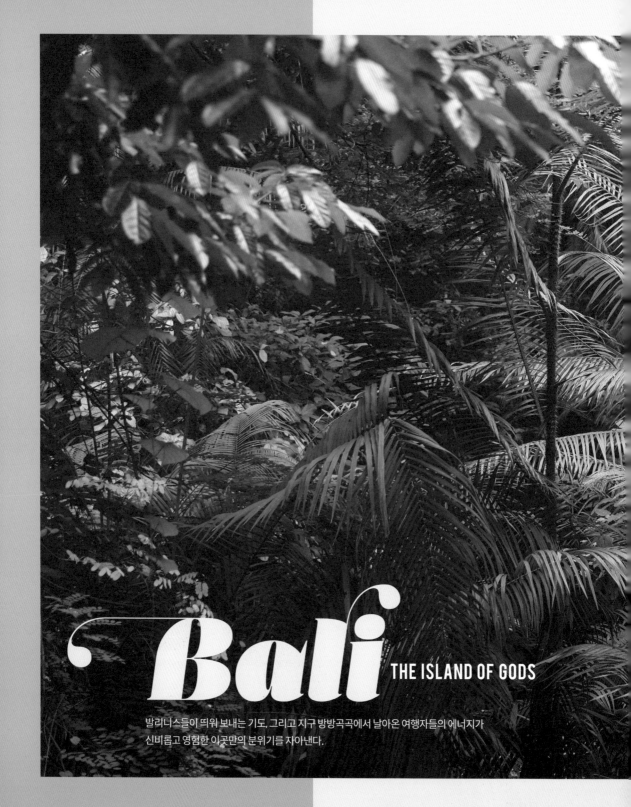

Bali
THE ISLAND OF GODS

발리니스들이 띄워 보내는 기도, 그리고 지구 방방곡곡에서 날아온 여행자들의 에너지가
신비롭고 영험한 이곳만의 분위기를 자아낸다.

Holy life

힌두교 안에서 살아가는 발리니스들은 모든 사물을
귀히 여기고, 언제나 감사하며 살아간다.

한없이 투명한 푸름, 그리고 싱그러운 녹음으로 가득한 발리.
바쁘게 굴러가던 도시의 삶을 잠시나마 내려 놓을 수 있게 해준다.

Nature Retreats

데비가 운영하고 있는 스미냑의
디스 아트 갤러리 발리

SHOP INFO >>>

디스 아트 갤러리 발리 | D's Art Gallery Bali

ADD. Jl. Pangkung Sari No 26 A Seminyak Bali, 80361
TEL +62 812-3621-4000
WEB dsartgallerybali.com

Recommendation!

데비의 추천, 우붓의 매력적인 갤러리
- - - - - - - - - - - - - - -

1 무지 아트 패밀리 **Muji Art Family**
　우붓으로 가는 길목에 위치한 이곳은 데비
의 가족이 운영하는 갤러리로, 현지 아티스트들의 다
채로운 그림을 만나볼 수 있는 장소다. 예약자에 한
해 페인팅 수업도 운영하고 있으니 발리의 미감이 궁
금한 여행자라면 참여해 볼 만하겠다.
ADD. Jl.Raya Negara, Batuan, Kec, Sukawati,
Kabupaten Gianyar, Bali
TEL 0361)8402432
OPEN AM 8:00-PM 5:00

2 코마네카 아트 갤러리
Komaneka Art Gallery
2층 규모로, 작지만 알찬 갤러리다. 발리 현지 아티스
트들을 주로 소개한다. 전시는 통상 2~3개월마다 비
정기적으로 교체되는데, 주로 이 지역의 자연과 인물
을 주제로 한 현대미술 회화로 이뤄진다.
ADD. Jl.Monkey Forest, Ubud, Kacamatan
Ubud, Kabupaten Gianyar, Bali
TEL 0361)469518
WEB gallery.komaneka.com
OPEN AM 8:00-PM 9:00

3 수마 아트 갤러리 **Suma Art Gallery**
　아티스트의 도시 우붓에서는 목공예 갤러리
도 흔히 만나볼 수 있다. 수마 아트 갤러리는 말라비
틀어진 나무 그루터기가 예술의 숨결로 근사한 테이
블이 되는 풍경을 마주하는 곳이다. 소가구는 물론이
고 이 지역 특유의 섬세한 우드 카빙까지 같이 둘러
보기 좋다.
ADD. Jl.Cok Rai, Pudak, Peliatan, Ubud,
Kacamatan Ubud, Kabupaten Gianyar, Bali
TEL 0896)85420283
OPEN AM 8:00-PM 9:00

balinese
LIFESTYLE
발리니스 라이프스타일

집 안에 있는
사원에서 매일 아침
기도를 올린다

발리의 미를
전파하는 방송인
**구스티 아유
아우라 지젤라**
Gusti Ayu Aura Gizella
AGE : 25

발리에는 여전히 계급 제도가 잔존한다. 이곳 사람들의 이름엔 옛 사회적 지위가 고스란히 담겨 있어, 그들의 계급을 짐작할 수 있다. 아우라는 발리의 사회 계층 중에서도 가장 상위 계급인 '이 구스티'의 후손이다. 어렸을 때부터 남다른 미모로 각종 미인대회에서 수상을 하며 두각을 나타낸 그는 현재 모델 활동과 함께 발리TV 채널의 고정 MC를 맡아 화려한 커리어를 쌓고 있다. 자연인으로서의 아우라는 케이팝K-Pop과 한국 드라마를 사랑하는 영락없는 20대 여성이다. 취미로 이따금 춤을 추는데, 그 영상을 SNS에 업로드해 많은 팔로어들의 관심을 끌기도 했다. 유명세를 치러야 하는 셀러브리티의 생활이 펼쳐지지만, 그의 내면엔 경건한 발리니스와 힌두교도로서의 삶이 자리한다. 비교적 이른 나이에 결혼하는 이곳 관습에 따라, 22세 나이에 이미 한 아이의 엄마가 된 아우라는 바쁜 일상 속에서도 날마다 하루 3번씩 기도해야 하는 힌두교 의식을 충실히 따른다. 종교적인 수양과 명상은 그를 하루하루 더 깊고 넓은 사람으로 만든다.

아침 기도를 위한 짜낭을
준비하는 아우라

아우라의 추천, 발리의 흥겨운 댄스 클래스

- - - - - - - - - - - - - - - -

1 상가르 뺑악 멘 메르시
Sanggar Penggak Men Mersi

전통 춤은 현지 젊은이들에게도 그다지 친근한 종목
은 아니지만, 발리니스로서 꼭 알아두어야 할 덕목 중
하나로 여겨진다. 가믈란(발리 전통악기) 반주에 맞춰
레장, 께짝 댄스 등과 같은 종목을 배울 수 있는데 하
나의 춤을 능숙하게 추려면 최소 3번의 수업을 들어
야 한다.

ADD. Jl.WR Supratman No.169, Sumerta Kelod,
Kec, Denpasar Timur, Kota Denpasar, Bali
TEL 0263)883621 **OPEN** AM 10:00-PM 5:00

2 유니버셜 댄스 스튜디오
Universal Dance Studio

현지 젊은이들에게 인기 있는 팝 댄스 스튜디오. 클라
이맥스 부분을 편집한 10분가량의 음악으로 수업을
진행하는데, 하나의 클래스에서 한 곡을 섭렵하는 식
이다. 수업을 마친 후, 그날의 수강생이 모두 함께 인
증 사진과 동영상을 남기는 것이 이곳만의 재미.

ADD. Jl.Mahendradatta Selatan No.79,
Padangsambian, Kec, Denpasar Barat, Kota
Denpasar, Bali
TEL 0361)8466297
WEB universal-dance-studio.business.site
OPEN AM 9:00-PM 5:00

LIFESTYLE

balinese LIFESTYLE

발리니스 라이프스타일

인도네시아를 사랑한
불가리아 여인

벨리자라

Bellzara
AGE : 23

학교 창립기념일 행사에서
메인 댄서로 발탁된 자라의 모습

벨리자라는 발리 우다야나 대학에 입학한 불가리아인이다. 타국에서 이곳까지 먼 걸음을 불사한 것은 오직 '인니어'에 대한 열정 때문이었다. 그는 대학을 졸업하자마자 이곳으로 와 새로운 생활을 시작했다. 이미 친구들 사이에서 '자라Zara'라는 애칭으로 불리며 빠르게 발리 생활에 적응하고 있는 그는 불가리아에 있을 때부터 인니어를 공부하며 인도네시아에서의 삶을 꿈꿨다. 처음에는 낯설고 신비로운 언어와 문화에 끌렸지만, 가랑비에 옷 젖듯 인도네시아의 매력에 빠지게 됐다는 것이다. 불가리아와는 전혀 다른 발리에서의 생활에 푹 빠진 그녀는 학교 수업뿐 아니라 각종 문화 행사에도 기꺼이 앞장선다. 힌두 명절마다 열리는 공연 무대에서 가장 빛을 발하는 댄서가 바로 벨리자라다. 다소 화려한 발리니스 치장이 불편할 법도 하지만, 그에겐 이 모든 경험이 특별하고 소중하다. 힌두교 교리 또한 벨리자라의 최대 관심사 중 하나. 전통 시장에서 짜낭을 사거나, 현지 친구의 고향 마을을 방문해 힌두 명절을 함께 지내보기도 한다. 진정한 발리의 아름다움은 발리니스 예술과 풍습에 있다고 믿기 때문이다. 발리에 흠뻑 매료된 이 불가리아 여인은 앞으로도 오랜 세월 이곳에 머물며 삶의 새로운 풍경을 만들고자 한다.

자라가 요즘 흥미롭게
읽고 있는 책

수업이 끝나고 약속이 없을 때면 학교 칸틴에서 책을 읽곤 한다

자라가 추천하는 발리니스 문화 엿보기

- - - - - - - - - - - - - - - -

1 빠사르 상라 Pasar Sanglah

우다야나 대학 캠퍼스 앞에 자리한 이 전통 시장은 힌두교와 관련된 각종 종교 용품과 싱싱한 꽃으로 만든 짜낭을 판매하고 있다. 시끌벅적한 시장이지만 종교와 관련한 물품을 사고 파는 상인과 손님들의 엄숙한 모습에서 발리니스의 신앙 생활과 태도와 풍습을 엿볼 수 있다.

ADD. Jl.Waturenggong, Dauh Puri Kelod, Denpasar Selatan, Kota Denpasar, Bali
OPEN AM 7:00-PM 5:00

개점을 준비하는 빠사르 상라의 아침 풍경

2 니뜨라 자야 Nitra Jaya

발리니스의 삶과 전통 복식 크바야는 떼려야 뗄 수 없는 관계다. 날마다 3차례의 기도는 물론이고, 각종 명절 때마다 크바야를 착용해야 하기 때문이다. 크바야 전문점인 니뜨라 자야에서는 다양한 스타일과 소재의 의상을 만나볼 수 있다.

ADD. Jl.By Pass Ngurah Rai, Benoa, Kec, Kuta Selatan, Kabupaten Badung, Bali
TEL 0821)45403519
WEB nitra-jaya.business.site
OPEN AM 9:00-PM8:00

인니어를 제법 잘 구사하는 자라는 현지 친구들과의 대화에도 거침이 없다

HOT PLACES
in bali

발리의 핫플레이스

정글의 은밀한 풀클럽부터 호사스러운 부티크 리조트까지,
당신이 발리에서 마주하고자 하는 풍경을 모았다.

IT'S LIKE A JUNGLE SOMETIMES

POOL CLUB
#스미냑

① 정글 발리 풀클럽
Jungle Bali Pool Club

복닥복닥한 스미냑 거리에 이토록 은밀하게 숨은 낙원이라니. 아직 많이 알려지지 않아 더 매력적인 이곳은 본래 주말마다 열리는 야외 클럽으로 입소문이 났는데, 최근 수영장까지 개장하면서 뜨거운 청춘들의 발길이 더 잦아지고 있다. 늦은 밤 이곳에서 펼쳐지는 클러빙 열기도 대단하지만, 한낮의 공간엔 색다른 정취가 깃든다. 건물 뒤편의 드넓은 라이스 필드가 목가적이면서도 이국적인 풍광을 자아내는 덕이다. 게다가 곳곳에 작은 야자수를 식재해 어느 방향에서 사진을 찍어도 근사한 결과물을 얻을 수 있도록 공간을 꾸며 놓았다. 두 개의 작은 수영장 주변으로 선베드와 카바나, 가제보 등이 늘어섰으니 취향에 맞게 이용할 수 있다. 이곳이 더 매력적인 까닭은, 입장료 또는 미니멈 차지가 없다는 것. 가벼운 마음으로 실컷 놀 수 있겠다.

SHOP INFO >>>

ADD. Jl.Umalas 1, No.7, Kerobokan Kelod, Kec, Kuta Utara, Kabupaten Badung, Bali
WEB www.jungle-diner.business.site
OPEN AM 11:00-PM 7:00(금요일 파티는 AM 2:00 까지)
PRICE 카바나 20,000IDR부터
가제보 50,000IDR부터(일요일만)

한 모금 마시는 순간 가슴까지 시원해지는 코코넛

① 풀클럽 뒤편으로는 탁 트인 라이스 필드를 감상할 수 있다
② 여름방학 때 시골에 여행온 듯한 착각을 들게 하는 원두막
③ 강렬한 햇빛을 막아주는 휴식 공간

SHOP INFO >>>

ADD. Jl.Double Six, Seminyak, Kuta,
Kabupaten Badung, Bali
WEB www.badungtourism.com
TIME 24시간 **PRICE** 무료

6 더블식스 비치 Double Six Beach

해변을 따라 늘어선 알록달록한 빈백은 스미냑을 대
표하는 풍경 중 하나다. 스미냑의 더블식스 비치 또한
노천 좌석에서 일몰을 감상하기에 최적화된 해변이
다. 서쪽 해변은 대체로 일몰이 아름다운데, 이곳은 특
히 근사한 레스토랑과 비치 바가 밀집한 덕에 느긋한
저녁 식사를 즐기며 멋진 순간을 만끽할 수 있다. 저녁
무렵엔 곳곳에서 라이브 밴드 공연이 펼쳐지니, 밀려
오는 노랫가락에 몸을 맡긴 채 슬렁슬렁 산책을 해보
아도 좋다. 건기의 구름 적은 날이라면 어김없이 붉고
화려한 노을을 만날 수 있다.

① 더블식스 비치에서는 현지인들이 운영하는 간이 마사지 업소를 쉽게 찾아볼 수 있다
② 해변의 앞쪽 빈백 의자들은 일찍부터 자리가 동 나기 때문에 조금 서두르는 것이 좋다
③ 오후 6시쯤부터 해변을 산책하는 것이 덥지도 않고 선셋을 보기에도 좋다

SNS에 올라 있는 발리 선셋
사진 대부분은 바로 이 더블식스
비치에서 찍은 것이다

7 바투블릭 비치 Batu Belig Beach

낮보다 밤이 아름다운 해변이다. 바투블릭 비치의 모래사장은 그다지 곱지
않고, 거리의 강아지들이 쏘다니며 영역 표시를 해놓기 때문이다. 그럼에도
불구하고 이곳을 추천하는 까닭은, 영원히 두 눈 가득 담고 싶은 일몰이 펼쳐
지기 때문이다. 발리 대부분의 해변이 평균 이상의 아름다움을 자랑하지만,
특히 바투블릭은 아름드리 나무의 검은 그림자와 붉은 하늘이 황홀한 실루
엣을 이루기 때문이다. 게다가 해변 인근에는 로컬 와룽이 줄지어 있어서 빈
땅 맥주 한 병과 함께 완벽한 저녁을 보낼 수 있다.

SHOP INFO >>>

ADD. Jl.Batu Belig, Kerobokan Kelod, Kec,
Kuta Utara, Kabupaten Badung, Bali
TEL 0361)730840
WEB www.balitravelhub.com
TIME 24시간

① 오후 5시쯤 되면 삼삼오오 사람들이 선셋을 감상하기 위해 모여든다 ② 인테리어에 힘을
준 로컬 레게 바 ③ 바투블릭 해변 앞에는 허름하지만 저렴하고 맛깔스러운 와룽이 많다

오묘한 빛깔을 감상하기에
좋은 시간은 오후 6시부터다

햇빛 쏟아지는 망망대해를 바라보며 느긋하게 유영할 수 있다

⑧ 까유 쁘띠 비치 | Kayu Putih Beach

까유 쁘띠 비치는 스미냑과 짱구 사이에 위치한다. 접근성이 좋은 해변임에도 불구하고 이렇다 할 즐길거리가 없고 관리가 잘 되지 않아 안타까웠으나, 이비자에서 건너온 카페 델 마르 발리 비치클럽Café Del Mar Bali Beach club이 오픈하자마자 핫플레이스로 화려하게 부활했다. 9월 초 그랜드 오픈 파티를 마친 이곳은 이비자의 명성을 이어 발리에서도 멋진 해변 전망과 함께 근사한 노을을 즐길 수 있는 명소로 입지를 견고히 다지고 있다. 대형 무대와 함께 바다와 마주하고 있는 메인 수영장, 넉넉한 데이베드와 레스토랑까지 부족한 것이 없는 완벽한 비치클럽이다.

SHOP INFO >>>

ADD. Jl.Subak sari, Canggu, Tibubeneng, Kec, Kuta Utara, Kabupaten Badung, Bali
TEL 0361)4471625 **WEB** www.cafedelmarbali.id
OPEN AM 11:00-PM 10:00
PRICE 데이베드 미니멈 차지 1,500,000IDR
(PM 7:00 이후에는 미니멈 차지 없이 데이베드 사용 가능)

① 카페 델 마르의 포토 스폿, 시계탑 ② 비치클럽 내에 대형 무대시설이 완비되어 있다 ③ 카페 델 마르에서 감상하는 발리의 선셋

RELAX&
RESORT
#카랑아슴

1 까마야 발리 Camaya Bali

아궁산Agung Mountain의 삼연한 정글을 품고 있는 카랑아슴은 발리에서 가장 맑은 공기를 마실 수 있는 지역이다. 구불구불한 비탈길을 따라 올라가면 숨은 보석 같은 빌라가 나타나는데, 바로 까마야 발리다. 현지 사람들 사이에서도 잘 알려지지 않았다가, 최근 입소문과 SNS를 통해 인기 숙소로 급부상했다. 생애 가장 은밀하고 아름다운 하룻밤을 보내고 싶다면 이곳만큼 꼭 맞는 곳도 없다. 바람 부는 소리, 청아한 새 울음, 별이 쏟아질 듯한 밤하늘 속에서 자연과 한 몸이 될 수 있는 공간이다.

SHOP INFO >>>

ADD. Desa Padangaji, Amerta Bhuana, Selat, Kabupaten Karangasem, Bali
WEB www.camayabali.com
RESERVATION bit.ly/Camayabali
(에어비앤비를 통해 예약 가능)
CHECK-IN / OUT AM 11:00 / PM 2:00

PLUS. 현재 4개의 빌라를 보유하고 있으며, 빌라마다 전망이 조금씩 다르다. 내년 초 2개의 빌라 추가 오픈 예정

①, ② 이보다 더 이국적일 수 없다. 오픈 에어 빌라에서는 가슴 깊숙한 곳까지 상쾌한 공기가 느껴진다 ③, ④ 세상과 단절된 느낌마저 들 정도로 고요한 빌라는 프라이빗한 여행을 꿈꾸는 사람에게 꼭 맞는 장소임에 틀림없다

② 와파디우메 우붓 Wapa Di Ume Ubud

우붓의 매력을 흠뻑 느낄 수 있는 부티크 풀빌라. 시내에서 차량으로 20분 이내 거리에 위치함에도 불구하고 리조트에 들어서면 완벽한 고립감을 만끽할 수 있다. 객실마다 수영장을 거느린 것은 물론이고 널찍한 메인 풀과 인피니티 풀도 함께 즐길 수 있다. 이곳에서 가장 인기 있는 서비스는 바로 플로팅 브렉퍼스트인데, 쟁반 한 가득 담긴 먹음직스러운 메뉴는 눈과 입을 모두 즐겁게 해준다. 아늑한 분위기의 커플 스파 역시 놓칠 수 없는 필수 코스다.

SHOP INFO >>>
ADD. Jl. Suweta, Br, Bentuyung, Ubud, Gianyar, Bali
TEL 62)0361973178
WEB www.wapadiumeubud.com
CHECK-IN / OUT PM 12:00 / PM 2:00

RELAX&
RESORT
#우붓

① 신선한 재료로 가득 채워진 플로팅 브렉퍼스트 ② 발리니스 콘셉트가 돋보이는 와피디우메 리조트 메인 수영장에서 라이스 필드 뷰를 감상할 수 있다 ③ 풀빌라의 테라스는 프라이빗 수영장과 연결되어 있다. 그 어떤 방해도 없이 자유로운 일과를 보낼 수 있는 공간 ④ 포근한 와파디우메의 침구 세트는 여행으로 노곤했던 몸을 편안히 감싸준다

풀빌라에 갖는 낭만과 환상을 완벽하게 충족해 주는 공간

발리 내에서도 손에 꼽을
정도로 압도적인 뷰를 자랑한다

PLUS. 투숙객이 아니더라도 별도의
입장료(200,000IDR/2019년 기준)를 내면
수영장과 레스토랑(Wanna Jungle Pool
and Bar) 이용이 가능하다.

③ 더 까욘 정글 리조트 The Kayon Jungle Resort

우붓의 정글에 자리한 거대하고 아름다운 리조트. 한국인들에게는 생소한
이름의 리조트지만, 외국 여행객들에게는 큰 인기를 얻고 있다. 고지대에
위치해 우붓의 푸른 전망이 한눈에 내려다보이기 때문. 새벽 안개 낀 적막
한 정글부터 오묘한 빛깔로 물드는 우붓 하늘을 바라보노라면 한 편의 다큐
멘터리를 보는 기분이 든다. 로맨틱한 시간을 보내려는 허니문과 커플 여행
자들에게 더할 나위 없는 공간이다. 단 15세 이하의 청소년은 숙박 및 입장
이 제한되므로, 가족 여행자들은 참고할 것.

SHOP INFO >>>
ADD. Banjar, Desa, Bresela, Payangan,
Kabupaten Gianyar, Bali
TEL 0361)98889191
WEB www.thekayonjungleresort.com
TIME 24시간

① 풀바에서 인스타그래머블한 인생 사진을 남겨보자
② 수영복이 부담스러워 메인 수영장을 가지 못한다고 해도
걱정없다. 풀빌라의 프라이빗 수영장에서도 충분히 전망을
감상할 수 있다 ③ 전통적인 럭셔리함을 간직하고 있는
리조트의 풀빌라 객실 ④ 허니문 커플이라면 레스토랑에서의
로맨틱한 저녁을 추천한다

④ 르네상스 발리 울루와뚜 리조트 앤 스파
Renaissance Bali Uluwatu Resort & Spa

2018년 6월에 오픈한 르네상스 리조트는 발리 내에서도 전망 좋기로 소문난 웅아산에 위치하고 있다. 호텔 측에서 부지를 알아볼 때부터 가장 신경 쓴 포인트가 바로 뷰이기 때문에 이 리조트에서는 어떤 위치에서든 눈이 즐거울 수밖에 없다. 5성급 고급 리조트답게 흠 잡을 곳 없는 청결함과 서비스를 두루 갖추고 있는 것은 물론, 싱가포르, 말레이시아 같은 주변 국가의 부호들에게 사랑받는 웨딩 리조트로서도 그 이름값을 톡톡히 하고 있다. 리조트 내에 유명 셰프가 상주하고 있는 레스토랑부터 여러 개의 대형 수영장까지. 허니문 행선지로서도 최상의 조건을 갖추고 있는 리조트다.

SHOP INFO >>>
ADD. Jl.Pantai Balangan No.1, Ungasan, Kabupaten Badung, Bali
TEL 0361)2003588 **WEB** www.marriott.com
CHECK-IN / OUT AM 9:00 / AM 11:00

RELAX & RESORT #웅아산

수영장과 바다 뷰가 수평선을 이루고 있는 아름다운 메인 수영장

① 밤의 르네상스 리조트는 조명으로 인해 색다른 분위기를 선사한다
② 르네상스 리조트는 로비조차 하나의 근사한 예술품을 보는 듯하다
③, ④ 울루와뚜가 내려다보이는 레스토랑과 객실 전망

이곳을 찾는 한국 손님들에게 가장 인기 있는 퀴노아 비빔밥

1 잇 플레이 & 러브 Eat Play & Love

발리의 유명 그래피티 아티스트와 협업해 탄생한 카페로, 갓 오픈해 뜨거운 반응을 얻고 있다. 1층은 전체 실내 테이블, 2층은 야외 테라스와 핑크룸으로 구성되어 있다. 모든 벽을 파스텔 핑크로 펴 바른 핑크룸이 가장 포토제닉한 공간인데, 순식간에 인플루언서들 사이에서 명소로 떠올랐다. 웨스턴 스타일의 브런치가 주 메뉴지만, 한국인 오너가 운영하고 있기 때문에 비빔밥과 잡채를 비롯한 전형적인 한국음식도 만나볼 수 있다. 할인 이벤트, 빈땅 맥주 패키지 구성 등 매달 새로운 프로모션을 진행하므로, 다양한 혜택을 누리려면 공식 인스타그램(@eatplaynlove_bali)을 체크해 볼 것

SHOP INFO >>>

ADD. Jl. Kayu Aya No.18a, Seminyak, Kuta, Kabupaten Badung, Bali
TEL 0361)4471601 **OPEN** AM 7:00-PM 10:00
PRICE 퀴노아 비빔밥 80,000IDR /
스무디 Pink panther 60,000IDR

EVENT. 2021/12/31까지 전 메뉴 20% 할인(다른 이벤트와 중복 할인 불가능)

① 즉석에서 갈아 만들어주는 스무디도 맛도 좋지만 예쁘기까지 하다
② 인스타그래머블한 인테리어를 뽐내고 있는 핑크룸
③ 뜨거운 발리 햇살을 적절히 막아주어 덥지 않게 머무를 수 있는 야외 테이블

SHOP INFO >>>
ADD. Jl.Petitenget No.12, Kerobokan Kelod,
Kuta Utara, Kabupaten Badung, Bali
TEL 62)085931120209 WEB www.kyndcommunity.com
OPEN AM 6:00-PM 5:00(Break Time),
PM 6:00-PM 10:00 PRICE 음료 30,000~70,000IDR

시그니처 메뉴인
파라다이스 팬케이크

① 오전 시간대가 아니면 자리 잡기 힘든 분홍빛 벽면 좌석
② 요리하는 주방과 음료 전용 바가 나누어져 있어서 메뉴가 비교적 빨리 나온다

② 카인드 커뮤니티 Kynd Community

2년 전 호주에서 온 젊은이들이 의기투합해 만든 작은 카페. 시작
은 작고 미미했으나, 지금은 남부럽지 않은 스미냑 대표 카페로
자리매김했다. 비건 메뉴가 훌륭한 데다 '모두가 친절한 사회'라
는 남다른 철학도 함께 전파하고 있어서 많은 이들의 지지를 받고
있다. 상호와 아이덴티티를 활용해 자체 제작한 생활 소품도 판매
하는데, 꽤나 사랑스럽다. 확장 공사 이후 분홍빛 벽을 장식한 그
림 덕분에 인스타그래머블한 공간으로도 입소문이 자자하다.

③ 오 마이 콘 Oh My Cone

보기도 먹기도 좋은 열대과일 젤라토를 즐길 수 있는 곳.
덕분에 발리의 젊은이들이 한데 모여든 모양이다. 문 열
자마자 인스타그램 피드를 알록달록하게 수놓고 있는 이
카페는 레인보, 핑크, 블루, 오렌지 등의 컬러풀한 메뉴로
눈을 사로잡는다. 레인보 콘에 올린 망고 젤라토, 또는 핑
크콘에 올린 그린 아보카도 젤라토의 색조합은 먹기 아까
울 만큼 사랑스럽다. 일찍 서두르지 않으면 레인보 콘은
선점하기 어려우니 참고할 것.

Tip. 현금결제만 가능.

SHOP INFO >>>
ADD. Jl.Kayu Jati No.2A, Seminyak, Kerobokan
Kelod, Kuta Utara, Kabupaten Badung, Bali
WEB www.oh-my-cone.business.site
OPEN AM 10:00-PM 10:00
PRICE 기본콘 38,000IDR(젤라토 1종 + 토핑 1종)

BEST CHILL
OUT SPOTS
#스미냑

① 현재까지는 4가지 컬러가 전부지만 꾸준히 맛과 컬러를 추가할
예정이다 ② 블루콘과 망고젤라토에 레인보 토핑으로 컬러감을
더했다 ③, ④ 사랑스러운 핑크 컬러의 인테리어가 마음을 간질인다

④ 다 마리아 Da Maria

이탈리안 레스토랑으로, 여러 매체와 광고에 등장하며 이름을 알린 포토 스폿이다. 하이라이트는 홀 한가운데 폭포수처럼 떨어지는 행잉 플랜트와 로맨틱한 미니 분수대다. 먹음직스러운 지중해 요리와 함께 멋진 인증 사진을 남기기에 더할 나위 없다. 밤 10시가 넘어가면 분위기는 반전된다. 매주 금, 토, 일요일 밤이면 흥겨운 디제잉이 펼쳐지는 '레이트 나이트 피자+디스코Late Night Pizza+Disco' 이벤트가 열리니 야식과 춤을 사랑하는 이들이라면 주목할 만하다.

Tip. 파티가 있는 날은 베스트 드레스 어워드가 있으니 홈페이지에서 미리 확인해보는 것이 좋다.

신선한 조개의 풍미가 식욕을 자극하는 클램 파스타

SHOP INFO >>>

ADD. Jl.petitenget No.170, Kerobokan Kelod, Kec Kuta utara Kota Denpasar, Bali
TEL 62)03619348523 **WEB** www.damariabali.com
OPEN PM 12:00-AM 2:00
PRICE 식사 메뉴 100,000IDR부터 / 음료 50,000IDR부터

①, ② 주말엔 예약 없이 앉을 수 없는 다 마리아의 분수대 좌석. 없던 로맨스도 마구 솟아날 법하다. 동화에 나올 법한 이 분수대를 독차지하고 싶다면 오픈 시간에 맞춰 방문하는 것이 좋다

BEST CHILL
OUT SPOTS
#스미냑

⑤ 믹솔로지 테라스 프로피컬 소주바
Mixology Terrace Tropical Soju Bar

해외에선 우리 소주도 위스키나 진과 같은 위상의 주류로 여겨진다. 인도네시아 현지 사람들뿐 아니라 호주와 유럽 등지에서 날아온 여행자들에게도 소주는 인기가 꽤나 좋다. 이곳은 그 트렌드를 빠르게 간파한 이가 선보이는 소주 중심의 바다. 다채로운 소주와 응용 메뉴를 맛볼 수 있다는 점이 매력적인 데다, 독특한 인테리어 또한 눈길을 끈다. 저녁 8시 즈음부터 디제잉이 시작되고 자정이 가까워지면 춤을 출 수 있는 분위기로 무르익으니, 저녁 식사 후 소주와 함께 흥을 발산하기에 더없이 좋은 장소다.

Tip. 요구르트와 믹스한 칵테일 소주가 인기 메뉴다.

SHOP INFO >>>

ADD. Jl.Petitenget No. 7A, Kerobokan Kelod, Kuta Utara, Kabupaten Badung, Bali
TEL 62)085211353529
WEB www.instagram.com/mixologybali
OPEN PM 5:00-AM 3:00
PRICE 칵테일 소주 1L 280,000IDR

① 실내 테이블 중 가장 인기 있는 자리
② 저녁 8시 이전에 휑하던 레스토랑이 9시부터 차츰 손님들로 가득찬다. 넓은 테이블은 예약 필수

카비나 발리 Cabina Bali

지금 가장 핫한 레스토랑 중 하나. 한가운데 자리한 수영장과 디제잉 부스가 비치클럽 못지않게 흥겨운 분위기를 조성한다. 이곳에 왔다면 시그니처 메뉴인 '플로팅 브런치Floating Brunch'를 반드시 즐겨볼 것. 수면 위에 근사한 브런치 플레이트를 띄워 비주얼을 극대화한 메뉴로 방문객들의 사랑을 독차지하고 있다. 레스토랑 구석구석에 컬러풀한 벽면과 포토제닉한 공간이 숨어 있으니 샅샅이 찾아볼 것. 프로필로 내걸 만한 사진 3컷쯤 거뜬히 건질 수 있다.

Tip. 오전 시간대에 방문하면 전세 낸 것처럼 실컷 촬영할 수 있다.

카비나가 유명해진 1등 공신 메뉴, 플로팅 브런치

SHOP INFO >>>
ADD. Jl.Batubelig gang daksina No.1, Kerobokan Kelod, Kuta Utara, Kabupaten Badung, Bali
TEL 62)03614740989
WEB www.cabinabali.com
OPEN AM 8:00-PM 7:00
PRICE 플로팅 브런치 1인 230,000IDR / 2인 450,000IDR

① 미니멈 차지가 없는 레스토랑으로, 음식이나 음료 주문만으로도 충분히 즐길 수 있다. 킹 프라운 파스타King Prawn pasta 와 트로픽 선더Tropic Thunder의 모습 ② 플로팅 브런치를 즐기는 사람들 ③ 카비나에서 단 하나인 데이베드. 이곳 역시 포토제닉한 공간이다 ④ 보통 오후 3시 이후에 사람이 몰리기 때문에 가급적 이른 시간에 방문하는 것이 좋다

⑦ 더 로프트 The Loft

그 이름처럼 2층에 조그만 다락 공간을 가지고 있는 카페. 유럽과 호주에서 날아온 여행자들의 사랑을 듬뿍 받고 있는데, 브런치를 비롯한 웨스턴 푸드가 주를 이루는 덕이다. 실내 공간과 테라스가 탁 트여 있어 시원한 느낌을 주지만 더위를 잘 타는 사람에게는 조금 버거울 정도의 실내온도를 유지한다. 오전 브런치나 오후 커피 한잔 즐기기에 좋은 곳.

Tip. 주차공간이 매우 협소한 편

BEST CHILL OUT SPOTS #짱구

SHOP INFO >>>

ADD. Jl.Pantai batubolong No.50A, Canggu, Kuta Utara, Kabupaten Badung, Bali
TEL 62)81237580318
WEB the-loft-bali.business.site
OPEN AM 6:30-PM 10:00
PRICE 브런치 메뉴 40,000~80,000 IDR / 전 메뉴 가격대 100,000IDR 이하

① 10대 남짓한 오토바이를 세울 수 있는 협소한 공간이라 차량 주차가 불가능하다 ② 이른 시간부터 늘 많은 손님으로 붐비는 카페 ③ 2층의 아늑한 공간은 마치 다락방을 연상케 한다 ④ 더 로프트의 외관 ⑤ 시원한 생수는 별도로 주문하지 않아도 무한 리필이 가능하다

8 클라우드 나인 짱구 Cloud 9 Canggu

짱구 지역에는 라이스 필드 한복판을 가로지르는 유명한 지름길이 하나 있는데, 이름하여 '짱구 숏컷Canggu Shortcut'이라 불린다. 클라우드 나인은 바로 이곳에 자리한다. 실내와 야외 구분이 딱히 없는 레스토랑인지라 어떤 테이블에 앉아도 근사한 풍경을 즐길 수 있다. 보드를 들고 지나가는 서퍼들의 탄탄한 모습은 그 풍경에 활기를 불어 넣는다. 타타키, 포케, 세비체 등 참치회로 요리하는 스페셜 메뉴가 눈에 띄는데, 가격대가 저렴하면서 맛과 양도 제법 만족스럽다.

Tip. 저녁시간대에 방문할 때에는 모기 퇴치 제품 필수!

① 꾸민 듯 꾸미지 않은 인테리어와 식물이 어우러져 돋보이는 곳
② 재료를 아끼지 않고 듬뿍 넣은 풍부한 양의 나시 고렝

SHOP INFO >>>
ADD. Jl.Subak, Canggu, Kuta Utara, Kabupaten Badung, Bali
TEL 62)81238236185
WEB cloud9bali.com
OPEN AM 8:00-PM 11:00
PRICE 식사 메뉴 나시고렝 65,000IDR

BEST CHILL OUT SPOTS #짱구

9 롤라스 칸티나 멕시카나
Lola's Cantina Mexicana

주말이면 골목 전체가 파티 분위기가 되는 짱구 숏컷. 여기 옹기종기 모여 있는 핫플레이스 중 하나인 이곳은 멕시코의 분위기가 물씬한 인테리어로 시선을 사로잡는데, 음식마저 멕시코에서 갓 요리한 듯한 풍미를 자랑한다. 때문에 진짜배기 멕시칸 요리를 찾아 헤매던 이들이 이곳에 정착했다는 후문이다. 비건 여행자들의 섬인 만큼, 메뉴마다 비건 옵션이 있어서 육류를 먹지 않는 친구와도 부담 없이 찾을 수 있다. 특히 매주 화요일마다 진행하는 '프리 타코 이벤트'에는 평소보다 많은 사람들이 찾는데 서두르지 않으면 일찍 소진된다는 것을 참고하자.

Tip. 차량 진입이 어려우므로 가급적 오토바이를 이용하는 것이 좋다.

SHOP INFO >>>
ADD. Jl. Subak Canggu, Canggu, Kec, Kuta Utara, Kabupaten Badung, Bali
TEL 0813)38542497
OPEN AM 8:00-AM 2:00
PRICE 타코 75,000IDR부터 / 음료 메뉴 25,000부터

① 짱구 숏컷 레스토랑 중 단연 눈에 띄는 외관이다
② 각종 여행 앱에서 높은 평점을 받고 있는 롤라스 칸티나 멕시카나

로젤로니 칵테일
130,000IDR

🔟 나인티원 발리 Ninetyone Bali

문 열자마자 열렬한 환호를 얻고 있는 레스토랑. 취향도 솜씨도 좋은 여성 오너의 손길이 담뿍 담겨 있는 공간으로, 알코올을 제외한 모든 메뉴는 이곳에서 직접 만든 것으로만 이뤄진다. 아침, 점심, 저녁 메뉴를 조금씩 달리하지만 샥슈카와 사워도우, 후무스 등 건강한 음식을 주로 선보인다. 한편에 자리한 작은 수영장과 주변에 늘어선 꽃나무의 조화가 발리 특유의 싱그러운 아름다움을 떨친다.

Tip. 데이메뉴와 나이트메뉴가 구분되어 있어서, 런치와 디너타임 모두 방문해도 지루하지 않다.

SHOP INFO >>>
ADD. Jl.Pantai Batu Bolong No.91, Canggu, Kec Kuta utara, Kabupaten Badung, Bali
TEL 0822)98889191 **WEB** ninetyonebali.com
OPEN PM 7:30 ~ 자정 **PRICE** 식사 메뉴 50,000IDR부터 / 음료 30,000IDR부터 / 비건푸드 메뉴 있음

BEST CHILL
OUT SPOTS
#짱구

①, ③, ⑤ 앞쪽 테라스 석은 짱구의 바투볼롱 스트리트를 오가는 청춘들을 관찰하기 더할 나위 없는 장소다 ②, ④ 독특하게 칵테일 바와 주스 바가 분리되어 있고, 음료는 신선한 재료만을 엄선해 즉석에서 믹스해 준다

1

BEST CHILL
OUT SPOTS
#짱구

2

3

SHOP INFO >>>

ADD. Jl.Pantai Berawa No.90 XO, Canggu,
Tibubeneng Kec, Kuta utara, Kabupaten Badung, Bali
TEL 62)082247114441
WEB www.milu-bali.business.site
OPEN AM 8:00-PM 11:00(라스트 오더 PM 10:30)
PRICE 브런치로 가볍게 먹을 수 있는 밀루's
베네딕트 48,000IDR / 브런치 메뉴 40,000~70,000IDR
보틀 와인 200,000~400,000IDR

11 밀루 바이 누크 Milu by Nook

라이스 필드 전망으로 스미냑에서 유명세를 얻었던 누크Nook가 짱구에
오픈한 2호점이다. 어느덧 누크의 인기를 거뜬히 압도하는 이곳의 매력
은 신선한 재료로 만든 헬시 푸드, 그리고 주문과 동시에 즉석에서 착즙
하는 과일 주스에 있다. 뒤꼍의 정원에 서면 라이스 필드가 두 눈 가득
펼쳐지니, 싱그러운 초록 풍경을 마음껏 담아갈 수 있는 장소다. 최근엔
핸드메이드 소품도 함께 판매하고 있어 눈요기하는 재미까지 더했다.

4

① 싸웠던 커플이라도 절로 화가 풀릴 만큼 평화로운 전망 ② 가격대는 조금 높은 편이지만 퀄리티가 우수한 핸드메이드 제품들을 만나볼 수 있다
③ 보는 것만으로도 군침이 도는 베네딕트 ④ 디너보다 런치 손님이 더 많은 이유는 한낮의 자연친화적인 풍경 때문

1

2

SHOP INFO >>>

ADD. Jl. Sri Wedari No.5 Banjar Taman Kelod,
Ubud, Kabupaten Gianyar, Bali
TEL 62)0361972085
WEB www.senimancoffee.com
OPEN AM 7:30-PM 10:00
PRICE 커피&음료 30,000-50,000 IDR /
식사 메뉴 70,000-130,000 IDR

BEST CHILL
OUT SPOTS
#우붓

12 스니만 커피 스튜디오 Seniman Coffee Studio

2011년 작은 노점으로 시작했던 스니만 커피는 우붓의 커피 신을 '주름잡은' 공간이다. 카페뿐 아니라 커피 팩토리와 커피 판매점, 스니만 BAR까지 확장하며 어엿한 우붓의 커피 터줏대감으로 자리 잡았다. 시럽 없이도 달콤한 원두의 향을 느낄 수 있는 카페 라테, 고소하면서도 쌉싸래한 콜드브루 커피는 이곳에서만 만나볼 수 있는 메뉴. 리사이클링으로 사용하고 있는 스니만의 인테리어 소품과 유리 제품을 구경하는 것도 쏠쏠한 재미를 안긴다.

3

① 스니만 커피 스튜디오 전경
② 갓 로스팅된 스니만만의 커피향을
만끽할 수 있는 커피 스토어
③ 차가운 아이스볼에 따라 마시는 콜드브루는
커피 애호가들이 가장 많이 주문하는 메뉴 중 하나
④ 커피와 곁들여 먹기 편리하게 구성된 미니
치킨버거 역시 인기 메뉴

4

커피의 맛을 풍성하게 느낄 수
있도록 라테 주문 시 물 한잔이
함께 세팅되어진다

1

2

⑬ 코퍼 키친 & 바 Copper Kitchen & Bar

우붓의 골목골목을 걸어야만 발견할 수 있는 비스마 스트리트의 레스토랑. 외딴 시골 언덕길에 있으리라곤 생각하기 힘들 만큼 고급스러운 다이닝 스폿으로, 나 시고렝부터 고메 버거까지 아우르며 '아시안-인터내셔널Asian-International' 퀴진 을 선보인다. 라이스 필드 한편에 자리한 입구로 들어서면 드넓고 화사한 루프톱 이 펼쳐진다. 털털한 여행자의 옷차림도 좋지만, 칵테일 드레스로 한껏 멋을 내 기에 잘 어울리는 공간이다. 그릇과 커틀러리 등 섬세한 기물과 손님을 배려하는 직원들의 서비스가 이곳에서의 시간을 한층 빛낸다. 매장 한편에는 '로맨틱 디 너' 테이블을 따로 두어 연인들에게 특별한 저녁을 선사한다.

SHOP INFO >>>
ADD. Jl.Bisma, Ubud, Kecamatan Ubud, Kabupaten Gianyar, Bali
TEL 0361)4792888
WEB www.copperubud.com
OPENAM 7:00-PM 11:00
PRICE 스타터 65,000IDR부터 / 인도네시안 요리 140,000IDR부터

① 루프톱에서도 공간 섹션이 분리되어 있어서 편안하면서 아늑한 느낌을 준다
② 고급스러운 테이블 세팅

BEST CHILL OUT SPOTS #우붓

⑭ 엘릭시르 카페 우붓 Elixir Café Ubud

발리 전통 공예의 감각이 물씬한 나무 전등, 색감이 독특한 테이블과 의자, 은은하게 울려 퍼지는 음악…. 원목의 따뜻함과 행잉 플랜트의 싱그러움 이 조화를 이루는 이곳은 우붓에서 가장 근사한 카페 중 하나로 꼽힌다. 언 뜻 지나칠 수 있는 평범한 외관이지만 자연친화적이면서도 또렷한 감각으 로 완성한 인테리어를 흘깃 보고 나면 그냥 지나치기 힘든 공간이다. 채소 를 중심으로 건강한 음식을 선보이는 데다, 재료 본연의 색감을 야무지게 활용해 담음새를 매만지니 퍽 매력적이다. 구운 병아리콩, 선드라이드 토 마토, 자우어크라우트, 그리고 향긋한 푸성귀를 한데 담아낸 '케툿 샐러드 Ketut Salad'는 보는 것만으로 건강해지는 느낌이다.

SHOP INFO >>>
ADD. Jl.Monkey Forest, Ubud, Kecamatan Ubud, Kabupaten Gianyar, Bali
TEL 0897)0415356
WEB www.facebook.com/elixircafeubud
OPEN AM 9:00-PM 10:00
PRICE 아이스 아메리카노 25,000IDR

① 시원한 아이스 아메리카도는 더위를 잊게 한다
② 식물원에 온 듯한 싱그러운 느낌의 엘릭시르 카페 우붓

1

2

ACTIVE DAYS
in bali

발리에서 배우기

건강한 영혼을 꿈꾸는 요기니, 서프 걸, 크리에이터라면 주목해야 할 공간들.
우붓, 스미냑, 그리고 짱구의 가장 근사한 요가 스튜디오, 서프 하우스,
그리고 쿠킹&아트 클래스를 소개한다.

YOGA & MEDITATION

명상적인 시간, 요가 클래스

1 요가반 The Yoga Barn　우붓

우붓에서 가장 유명한 요가 스튜디오를 꼽으라면 단연 이곳이 첫 번째다. 구불구불한 골목으로 찾아 들어가야 하지만, 명성만큼 수준 높은 커리큘럼을 갖추고 있어 수고가 아깝지 않다. 여러 분야의 요가를 다양한 강사진으로부터 수강할 수 있는데, 기본기를 다지는 클래스부터 명상을 집중적으로 가르치는 클래스까지 취향껏 골라 듣기 좋다. 수강생들의 평은 다음과 같다. '호흡에 집중하는 명상만으로 난생처음 느껴보는 홀가분한 기분', '마음 깊은 곳에서 응어리져 있던 슬픔까지도 풀어낸다'. 우붓 한 달 살기를 계획하는 사람이라면, 이 요가반 클래스를 하루 첫 시작으로 삼아 보아도 좋겠다.

Tip. 요가반은 요가 스튜디오를 비롯해 카페, 명상실, 스파 시설도 갖추고 있다.

기타 연주를 통한 명상의 시간을 가지기도 한다

SHOP INFO >>>

ADD. Jl.Hanoman, Pengosekan, Ubud, Kecamatan Ubud, Kabupaten Gianyar, Bali
TEL 0361)971236
WEB www.theyogabarn.com
OPEN AM 7:00-PM 9:00
PRICE 원데이 클래스 130,000IDR / 1개월 클래스 2,600,000IDR

③ 요가반에서 자체 제작하는 디톡스 프레시 주스
④ 요가 스튜디오로 걸어가는 길에서부터 마음이 편안해지기 시작한다

① 요가 클래스의 수업 내용에 따라 스튜디오와 조명 등이 다르기 때문에 색다른 분위기를 접할 수 있다 ② 단체 수업에 만족 못하는 학생이 있다면 별도로 강사에게 개인 레슨을 신청할 수도 있다

① 건물 1층에 소재한 오가닉 카페는 클래스 전후로 다양한 국적의 요기니 &
요기들의 사교장이 된다 ② 래디언틀리 얼라이브의 자연친화적인 스튜디오 풍경
③ 1층 스튜디오와 2층 스튜디오 사이에 자리한 작은 휴게 공간

Welcome!

② 래디언틀리 얼라이브 요가 Radiantly Alive Yoga　우붓

우붓에서 가장 모던한 요가 스튜디오로 손꼽히는 공간으로, 요가 애호가들에게 열광적인
지지를 얻고 있다. 체계적인 요가 수업은 물론이고, 세계 곳곳에서 날아온 다양한 국적의
친구들을 만나 친교를 나눌 수 있다는 점도 매력적이다. 건물 내부엔 여러 개의 요가 스튜
디오가 마련돼 있고, 한편에는 건강식을 판매하는 오가닉 카페도 갖추고 있다. 감각적인
요가 관련 제품을 모아둔 편집숍도 자리하는데, 유니크한 디자인을 자랑하지만 가격대가
높은 게 흠이다.

SHOP INFO ▸▸
ADD. Jl.Jembawan 1 No.3, Padangtegal, Ubud, Kabupaten Gianyar, Bali
TEL 0361)978055 **WEB** www.radiantlyalive.com **OPEN** AM 7:00-PM 8:00
PRICE 원데이 클래스 130,000IDR / 멀티 클래스 360,000-4,000,000IDR

③ 인튜이티브 플로 Intuitive Flow 우붓

언덕 깊숙이 자리 잡은 이 요가 스튜디오는 고요한 환경에서 바람 소리, 새 소리를 들으며 명상적인 시간을 즐길 수 있는 공간이다. 우붓에 머무는 외국인 여행자들이 즐겨 찾는 곳으로, 이곳의 수장 역시 발리로 이주한 지 25년 차에 접어드는 캐나디안 린다Linda다. 그의 스페셜 클래스를 비롯, 초보자를 위한 베이직 요가와 명상 수업, 하사 요가Hatha Yoga, 빈야사 플로Vinyasa Flow, 프라나 요가Prana Yoga 등 다채로운 프로그램을 마련해 수강생들의 다양한 수요를 만족시킨다.

SHOP INFO >>>

ADD. Jl.Raya Jampuhan, Penestanan Kaja, Sayan, Ubud, Kabupaten Gianyar, Bali **TEL** 0361)977824 **WEB** www.intuitiveflow.com
OPEN 월-토 AM 7:00-PM 7:00, 일 AM 7:00-PM 1:00
(매달 특별반이 구성되므로 웹사이트에서 스케줄을 확인하는 것이 좋다)
PRICE 원데이 클래스 120,000IDR / 멀티 클래스 400,000-825,000IDR

① 소박하지만 요가 수업에 집중할 수 있는 최고의 환경을 조성했다 ② 스튜디오 한 편에 자리한 발리니스풍의 소품들 ③ 오전 첫 수업이야말로 오롯이 명상에 잠길 수 있는 시간이다

④ 탁수 요가 Taksu Yoga 우붓

이곳은 레스토랑과 스파를 함께 운영하는 기업형 요가 강습소다. 자연미 가득한 우붓스러운 분위기를 기대했던 사람이라면 자칫 실망할 지도 모르겠지만, 이곳의 프라이빗 클래스는 발리를 통틀어 가장 훌륭한 프로그램 중 하나라는 극찬을 받고 있다. 때문에 우붓 일대에서는 들러볼 만한 이색 스튜디오로 꼽힌다. 외관과 달리 전망은 압도적인 아름다움을 떨친다. 절벽과 아름드리 나무가 신비로운 조화를 이루니, 영화 〈아바타〉에 등장했던 숲처럼 오묘한 풍광이 펼쳐진다.

Tip. 6명 이하의 소그룹은 프라이빗 클래스를 신청할 수 있다.

SHOP INFO >>>

ADD. Jl.Goutama Selatan, Ubud, Kabupaten Gianyar, Bali
TEL 0361)971490
WEB www.taksuyoga.com
OPEN AM 8:00-PM 5:30
PRICE 원데이 클래스 130,000IDR / 멀티 클래스(10회) 920,000IDR

① 탁수 요가에서 가장 깊은 골목 안에 위치한 프라이빗 요가 클래스 ② 계단을 내려와 만나게 되는 곳들은 마치 비밀의 화원처럼 오묘한 분위기다

프라이빗한
요가 유니언 샬라 Yoga Union Shala   우붓

요가 유니언 샬라는 데일리 클래스로 운영되지 않는다. 하나의 그룹이 모여 스튜디오를 빌리는 형태로 운영되기 때문이다. 보통 요가 클래스에서 만난 수강생들끼리 색다른 프로그램을 즐겨 보고 싶을 때, 자신들이 원하는 강사를 초빙해 공간을 대여하는 식이다. 우붓의 라이스 필드를 등지고 새 둥지와 같은 자연친화적인 모습으로 지어진 이 스튜디오에서는 세상과 단절된 듯한 고립감을 즐길 수 있다. 고요한 자연 속에서 의식의 흐름을 들여다보고자 하는 이들이라면 더할 나위 없는 환경을 제공한다. 부설 레스토랑에서는 수업을 마친 후 다 함께 식사를 즐길 수 있도록 단체 메뉴를 제공하니 미리 주문해두면 좋다. 우붓에서 가장 프라이빗하고 독특한 요가 경험을 선사하는 곳.

Tip. 가격은 인원수와 구성 메뉴에 따라 달라진다.

SHOP INFO >>>
ADD. Jl.Subak Sok Wayah, Ubud, Kec, Kabupaten Gianyar, Bali
TEL 0812)46933829 **WEB** yogauniontrip.com
E-MAIL info@yogauniontrip.com **OPEN** AM 9:00-PM 7:00

SHOP INFO >>>

ADD. Jl.Drupadi No.7, Banjar
Basangkasah, Seminyak, Kuta Utara,
Kabupaten Badung, Bali
TEL 62)08123811507
E-MAIL oloparpipi@gmail.com
OPEN 월, 수, 금 AM 8:00-10:00 /
PM 4:15-6:00 화, 목 AM 8:00-10:00
PRICE 원데이 클래스 150,000IDR

5 올롭 요가 스튜디오 Olop Yoga Studio　스미낙

이곳은 허례허식과 군더더기를 쫙 뺀 단출한 요가 스튜디오다. 넓은 정원 한 편에 작은 야외 요가 스튜디오가 덩그러니 펼쳐진 게 이곳의 전부다. 스미낙에 자리하고 있지만, 우붓처럼 싱그러운 자연의 풍광을 느낄 수 있다는 것이 매력적이다. 거리를 왕왕 울리는 오토바이 경적음이 전혀 들리지 않을 만큼 적막한 환경이라 온전히 내 몸에 집중하기 좋다. 커리큘럼도 훌륭하거니와, 이곳만의 분위기를 좋아하는 사람들이 즐겨 찾는 스튜디오다. 앞다퉈 트렌드를 좇는 여느 공간들에 비해 고집과 뚝심이 느껴진다.

① 수업 전후 학생들은 자율적으로 개인 요가 연습을 진행해도 무방하다 ② 요가 클래스에 필요한 모든 물품은 이곳에 구비되어 있다. 수업 전 필요한 만큼 준비하면 된다 ③ 번잡한 스미낙 거리에서 좀처럼 보기 힘든 푸릇푸릇한 앞뜰이 우붓을 방불케 한다

1

⑥ 스미냑 요가 샬라 Seminyak Yoga Shala 스미냑

이곳은 스미냑을 조금만 아는 사람이라면 누구나 들어 봤음직한 유명 스튜디오다. 스미냑은 요가의 메카인 우붓처럼 큰 규모의 스튜디오보다는 소수정예의 부티크처럼 운영되는 곳들이 많은 편이다. 이에 비해 요가샬라는 접근성이 높은 스미냑 메인 스트리트 초입에 위치하고 있으며, 2층은 스튜디오, 1층은 요가 관련 제품들을 구매할 수 있는 숍으로 이뤄진 대규모 시설이다. 덕분에 오며 가며 부담 없이 둘러보기에 좋다. 아시탕가를 믹스한 하사 플로Hatha Flow, 아사나를 믹스한 빈야사 플로Vinyasa Flow, 그리고 심신을 이완시켜주는 인 요가Yin Yoga의 3가지 주요 프로그램을 중심으로 운영한다.

2

3

① 요가 레깅스뿐 아니라 매트, 기구 등 여러 가지 제품이 디스플레이 되어 있다 ② 넓지 않은 공간이지만 오히려 집중력은 한층 높일 수 있다 ③ 발리니스의 정취가 느껴지는 힌두교 제단

SHOP INFO >>>
ADD. Jl.Raya Basangkasa No.1200B,
Seminyak, Kuta, Kabupaten Badung, Bali
TEL 0361)730498
WEB www.seminyakyogashala.com
OPEN AM 8:00-PM 7:00
PRICE 원데이 클래스 140,000IDR /
멀티 클래스(11회) 1,200,000IDR

1

2

⑦ 프라나 요가 Prana Yoga 스미냑

이 스튜디오는 프라나 스파에서 운영하는 요가 클래스다. 소수정예 수업 방식을 지향하기 때문에 조용하고 오붓한 분위기 속에서 프로그램이 펼쳐진다. 스미냑에 위치한 여느 요가 스튜디오와 엇비슷한 가격인데, 흡사 과외를 받는 듯한 기분을 느낄 수 있다. 덕분에 보다 심도 있는 개별 코칭을 받을 수 있다는 게 강점으로 꼽힌다. 요가 클래스는 매달 다른 구성과 스케줄로 운영되므로 홈페이지에서 미리 이달의 시간표를 확인해보는 것이 좋다. 직접 방문하여 리셉션에서 상담을 해도 좋고, 이메일을 통해 예약할 수도 있다.

Tip. 프라나 스파 옆에 위치한 임피아나 프라이빗 빌라Impiana Private Villa의 게스트인 경우, 20% 할인된 금액으로 이용 가능하다.

SHOP INFO >>>
ADD. Jl. Kunti 1, Seminyak, Kuta,
Kabupaten Badung, Bali
TEL 0361)730840
WEB www.pranaspabali.com
E-MAIL spares@pranaspabali.com
OPEN AM 9:00-PM 10:00
PRICE 원데이 클래스 135,000IDR

① 깔끔하게 정돈된 스튜디오 모습 ② 초행길이라도 형형한 오렌지 빛깔의 건물이라 쉽게 찾을 수 있다

⑧ 더 프랙티스 The Practice 짱구

서핑과 오가닉 푸드, 비건 레스토랑으로 복닥복닥한 짱구에서도 단연 압도적인 규모의 요가 스쿨이다. 두 개의 스튜디오로 나눠 운영하는데, 매 스케줄마다 다양한 국적의 요기니 & 요기들이 참석한다. 직접 운영하고 있는 요가 전문 제품 매장에서는 유니크한 스타일의 제품들을 만날 수 있다. 2층 스튜디오는 높은 천고와 널찍한 공간으로 이뤄지고, 1층 스튜디오는 근사한 바깥 풍경을 전망으로 누린다. 수업에 따라, 시간대별로 스튜디오를 오가며 수강할 수 있다.

Tip. 매달 지정 요일과 시간에 무료 수업 이벤트가 열리므로, 홈페이지를 꼭 참고하도록 한다.

스튜디오에서 운영하고 있는 요가 전문숍에는 매트부터 텀블러까지 다양한 제품이 준비되어 있다

SHOP INFO

ADD. Jl.Pantai Batu Bolong No.94, Canggu, Kec, Kuta Utara, Kabupaten Badung, Bali
TEL 0812)36702160
WEB www.thepracticebali.com
OPEN AM 7:00-PM 8:00
PRICE 원데이 클래스 150,000IDR /
멀티 클래스(5회) 650,000IDR / 30일 이용권 2,400,000IDR

수강생들을 위한 배려로 식수를 제공한다

① 아담하고 정갈한 1층 스튜디오 진입로 ② 넓은 2층 스튜디오 전경
③ 꽃나무가 우거진 길을 따라 들어가면 스튜디오에 닿는다
④ 입구부터 남다른 기운이 느껴지는 더 프랙티스. 오토바이 또는 자동차를 이용하더라도 넓은 주차장이 있어서 편리하다

1

🧘 사마디 발리 Samadi Bali   짱구

짱구의 요가 빌리지에 위치하고 있는 사마디 발리. '명상 코스Meditation Course'와 같은 특별 이벤트를 자주 열어 다양한 수강생을 포용하기 때문에, 데일리 요가를 즐기면서 외국인 친구들과 쉽게 교유할 수 있는 공간이다. 사마디에서는 비건을 넘어 '건강한 삶' 자체에 매료되어 있는 사람들을 겨냥한 오가닉 카페도 함께 운영한다. 현지 농장에서 갓 따온 식재료를 공수하기 때문에 마음 놓고 즐길 수 있다. 또한 전문적으로 요가를 수련할 수 있는 아카데미까지 운영하고 있어 강도 높은 요가 트레이닝을 원하는 사람에게도 적합한 스튜디오다.

2

① 수업이 끝나고 스튜디오가 비어 있을 때에는 개인 수련을 해도 좋다
② 자연과 어우러진 정적인 분위기의 요가 스튜디오
③ 요가 관련 서적이나 제품을 구매할 수 있는 스토어도 운영하고 있다
④ 짱구의 수많은 요가 애호가들의 지지를 받고 있는 사마디 발리

SHOP INFO >>>

ADD. Jl.Padang Linjong No.39, Canggu, Kec, Kuta Utara, Kabupaten Badung, Bali
TEL 0812)38312505
WEB www.samadibali.com
OPEN AM 7:00-PM 9:00
PRICE 원데이 클래스 140,000IDR / 6day 클래스 패키지 700,000IDR

3

4

요기니들을 위한 디톡스 공간

① 아카샤 레스토랑 & 주스 바
Akasha Restaurant & Juice Bar
우붓

요가하는 사람들이 즐겨 찾는 우붓의 대표적인 오가닉 레스토랑. 자연치유적인 음식을 선보인다는 게 이들의 포부다. 요가 유튜브 채널 '보호 뷰티풀BOHO BEAUTIFUL'의 촬영 장소로 입소문이 났는데, 아름답고 고요한 분위기가 한몫했다. 골목골목을 어렵게 찾아 들어가면 예상치 못한 넓은 라이스 필드 전망과 함께 이곳이 나타난다. 매장 한편엔 넓은 무대가 자리하는데, 요가 모임과 소소한 파티가 열리는 공간이다. 전 메뉴가 모두 신선한 유기농 식재료로 이뤄지기에, 요가 수업 후 방문해 건강한 한 끼를 즐기려는 이들이 많다. 평화로운 분위기와 함께 주스 한 잔 들이켜는 것만으로 충만한 디톡스의 시간을 보낼 수 있다.

오고가는 손님들의 사랑을 한 몸에 받고 있는 아카샤의 마스코트

카페 앞쪽에 있는 테라스 공간은 바로 길가에 붙어 있어 조금 시끄러울 수 있다

요가하는 사람들이 선호하는 레스토랑인 만큼 요가와 관련된 소품들이 많다

SHOP INFO

ADD. Jl. Sinta, Keliki, Tegallalang, Kelusa, Payangan,Kabupaten Gianyar, Bali
TEL 0813)38885397 **WEB** www.akashabali.com
OPEN AM 9:00-PM 10:00
PRICE 다양한 과일이 믹스된 아카샤 드림 스무디 45,000IDR 직접 고른 과일로 만드는 MIX YOUR OWN 주스 45,000IDR

2층은 완전히 야외 공간으로 구성해 광합성을 하며 편하게 쉴 수 있다

한마디로 정의하기 오묘한 아카샤의 분위기

② 클리어 카페 Clear Café 우붓

바쁜 여행 일정으로 지친 몸과 마음을 정화하고 싶을 때 찾게 되는 공간. 입구부터 남다른 재미를 안기는데, 하루 종일 신고 있던 신발을 문 앞에 벗어두고 맨발로 들어가야 하기 때문이다. 커다란 문을 열고 들어가면 상그러운 꽃 향기와 함께 싱그러운 풍경이 펼쳐지고, 연못과 물 흐르는 소리가 산뜻한 공기를 이룬다. 싱가라자의 망고부터 카랑아슴의 캐슈넛까지, 이곳의 음식은 오롯이 발리에서 나고 자란 식재료로 만들어진다. 채식주의자라면 코코넛으로 만든 '밀크 셰이크Mylk Shake', 페타 치즈와 야생 푸성귀를 넣은 '그랑 푸리 Grand Puri(뿌리Puri가 발리어로 '왕궁'을 뜻하는 데서 착안한 언어유희다)' 샐러드가 오감을 즐겁게 해줄 것이다. 건물 2층의 스파도 이용해볼 만한데, 늘 붐비기 때문에 예약이 필수다.

SHOP INFO >>>

ADD. Jl.Hanoman No.8,Ubud,
Kecamatan Udud, Kabupaten Gianyar,
Bali **TEL** 0878)62197585
WEB clearcafebali.com
OPEN AM 8:00-PM 11:00
PRICE 시그니처 메뉴인 Grand Puri
샐러드 55,000IDR /
주스 Mango Twilight 30,000IDR

연못을 바라보며 담소를 즐길 수 있는 사이드 테이블

① 숲속에 있는 듯한 착각을 불러일으키는 초록 식물들
② 정갈하고 아늑한 분위기의 클리어 카페 인테리어
③ '우리 꽃길만 걸어요' 라고 속삭이는 듯한 2층 계단

③ 데크 카페 The Deck Cafe 스미냑

비건 여행자 사이에서 첫손에 꼽히는 스미냑의 유기농식 레스토랑. 스미냑 메인 거리의 한 귀퉁이에 자리한 카페지만, 바삐 오가는 여행객들이 쉽게 발견하지 못하는 이유는 2층에 위치하고 있어서다. 문을 열고 들어서면 한창 K-드라마에 푹 빠졌다는 주방장의 한국어 인사가 따뜻하게 객들을 반긴다. 음식은 주문 직후 정성껏 조리하기 때문에 단순해 보이는 요리도 조금 더디게 나오는 경향이 있다. 하지만 각각의 식재료의 풍미가 살아있는 메뉴를 맛보면 잠깐의 불만 정도는 눈 녹듯이 사라지는 보물 같은 레스토랑이다.

① 작지만 깔끔하고 간결한 콘셉트의 카페 ② 입안을 담백하게 해주는 빅 비건 브런치 ③ 발리 여행 필수품, 챙모자를 구매할 수도 있다

SHOP INFO >>>
ADD. Jl.Kayu Jati No.1A, Kerobokan Kelod, Kec, Kuta Utara, Kabupaten Badung, Bali
WEB www.business.facebook.com/whitepeacockbali
OPEN AM 9:00-PM 5:00
PRICE bid vegan brekky 65,000IDR

④ 고메 카페 Gourmet Café 스미냑

'슬로 라이프, 신선하고 건강한 음식' 이라는 모토를 제 옷처럼 소화한 공간. 재료부터 꼼꼼하게 따지는 비건 여행자들의 입맛을 완벽하게 사로잡았다. 발리 요식업계에서 이름난 다이닝 그룹 '케이터링 컴퍼니'에서 운영하는 곳인 만큼, 신선한 재료만을 엄선해 사용한다. 특히 시그니처 메뉴인 오가닉 주스는 별도로 운영하는 '주서리Juicery' 부스에서 제조하는데, 주문 즉시 싱싱한 과일을 첨가물 없이 갈아 내어 싱그러움을 그대로 살린다. 밤낮의 분위기가 대조적인 것으로도 유명하다. 저녁이 되면 한낮의 오가닉 하우스는 사라지고, 은은한 조명이 로맨틱한 칵테일 바로 변신한다.

Tip. '크리에이트 샐러드Create Salad'를 주문하면 채소와 토핑을 자유롭게 선택해 '나만의 샐러드'로 즐길 수 있다.

① 고메 카페의 메인 바에는 요리에 곁들일 수 있는 각종 향신료, 소스는 물론이고 다양한 칵테일도 서브하고 있다
② 새장을 연상케 하는 근사한 소파는 기다리는 손님들을 위해 마련된 것

SHOP INFO >>>
ADD. lTaman Ayu Hotel, Jl. Petitenget, Seminyak, Kec, Kuta Utara, Kabupaten Badung, Bali
TEL 0361)8375115 **WEB** www.balicateringcompany.com
OPEN AM 7:00-자정
PRICE 오가닉 주스 47,000IDR / 식사 메뉴 50,000IDR부터

⑤ 발리볼라 Balibola

캔디 컬러의 발랄하고 유쾌한 분위기가 매력적인 공간. '프렌즈 낫 푸드Friends Not Food'라는 슬로건을 내건 이곳은 과채 중심의 식단을 지향하는 '플렉시테리언Flexitarian' 식당이다. 육류 대체 재료로 만든 비건 너깃과 베이컨을 자체 개발해 선보이고 있으며, 리코타 팬케이크와 선명한 색감을 자랑하는 스무디가 이곳의 시그니처 메뉴. 덕분에 오가닉 푸드를 선택하는 기준이 까다로운 서구 여행자들의 발길을 단숨에 사로잡았다.

Tip. 전용 주차장이 별도로 없기 때문에 차량보다는 오토바이를 이용하는 것이 좋다.

SHOP INFO >>>

ADD. Jl.Petitenget No.8, Seminyak, Kec, Kuta Utara, Kabupaten Badung, Bali
TEL 0361)3352188
OPEN AM 8:00-PM 6:00
PRICE 섹시 스니커즈 sexy snikers · 스무디볼 78,000IDR

① 모든 요소가 아기자기하게 잘 어우러져 있는 공간
② 시원하고 쾌적한 실내에서 즐기는 스무디볼은 발리의 더위를 싹 잊게 만들어 준다
③ 보기만 해도 달콤한 캔디컬러의 건물 외관

© balibola

⑥ 시크릿 스폿 Secret Spot

'생식, 비건, 베지테리언Raw, Vegan, Vegetarian'을 지향하는 작지만 알찬 유기농 카페 & 레스토랑. 가히 채식주의자들의 천국이라 할 만하다. 콜리플라워와 병아리콩으로 만든 패티에 구운 단호박, 비건 치즈, 으깬 아보카도와 양상추를 얹어낸 '비건 아침 메뉴'만 보더라도 이곳의 음식이 얼마나 예쁘고 건강한지 짐작된다. 발리에 정착한 호주 사람들이 즐겨 찾기 시작하면서 입소문이 자자한 인기 카페로 거듭났다. 조미료에 너무 길들여진 사람이라면 한 번쯤 심신의 정화를 위해 찾아봄직한 곳이다.

SHOP INFO

ADD. Jl.Pantai Berawa No.44, Tibubeneng, Kuta Utara, Kabupaten Badung, Bali
TEL 62)081337915791
WEB www.instagram.com/secretspotbali
OPEN AM 7:30-PM 9:30
PRICE 전 메뉴 100,000IDR 이하

카페 앞쪽에 있는 테라스 공간은 아늑하면서도 싱그러운 분위기가 물씬하다

'깨끗하게 서핑하고, 깨끗하게 먹고, 깨끗하게 살자'는 메시지가 눈에 띈다

가늘게 채썬 호박과 면이 맛깔스럽게 어우러진 그린 파스타

2층 테라스에 앉아 있으면 짱구의 시끄러운 오토바이 소리가 전혀 들리지 않는다

이토록 색감 고운 케사디야라니!

커피를 비롯, 각종 헬시 드링크를 만들어내는 마법 같은 공간

① 요가나 필라테스를 마치고 온 오가닉 애호가들로 가득한 카페
② 짱구에서 오래전부터 오가닉의 대표주자로 자리매김한 카페 오가닉
③ 단맛은 전혀 느껴지지 않는 녹차 그대로의 풍미

⑦ 카페 오가닉 Café Organic

카페로 들어서는 순간 훅 느껴지는 건강하고 싱그러운 분위기. 머리를 질끈 묶고 요가복 차림을 한 채 채소와 과일 스무디를 마시고 있는 손님이 대다수다. 샐러드를 비롯한 모든 메뉴는 신선한 재료로 만들고, 담음새도 근사하지만 양이 조금 적은 게 흠이다. 카페 오가닉에서 도보 거리 내에 서핑계의 에르메스로 불리는 패션 브랜드 데우스의 매장과 선데이마켓이 위치하고 있어 함께 둘러 보고 가는 코스로 제격이다.

Tip. 다양한 콤부차 메뉴가 준비되어 있고 병 단위로 구매도 가능하다.

SHOP INFO >>>

ADD. Jl.Pantai batubolong No.58, Canggu, Kuta Utara, Kabupaten Badung, Bali
TEL 62)087860172070
WEB www.cafeorganicbali.com
OPEN AM 7:00-PM 6:00
PRICE 스무디볼 60,000IDR부터

⑧ 방갈로 리빙 카페 Bungalow Living Cafe　　짱구

자연친화적인 분위기의 인테리어 카페로 리빙 브랜드 방갈로 리빙Bungalow Living에서 운영하는 공간이다. 때문에 매장 내 모든 테이블과 의자, 그리고 소품은 실제로 이곳에서 판매하는 핸드메이드 제품으로 구비했다. 유기농 식재료로 만든 담백한 요리, 신선한 원두로 내린 감미로운 커피를 즐기며 눈요기도 할 수 있으니 일석이조다. 다만 참고로 오픈 즈음엔 늦게 문을 여는 경우가 있으니, 여유롭게 오전 9시쯤 방문하는 것을 추천한다.

Tip. 짱구 지역에 자리한 다른 지점에서는 음식이나 음료를 팔지 않고 브랜드 쇼룸으로만 사용하므로 방문 시 주의할 것.

① 계단 꽃 장식에서부터 느껴지는 섬세한 손길
② 즉석에서 갈아주는 생과일 주스와 스무디가 인기 메뉴

SHOP INFO >>>

ADD. Jl.Raya Pantai Berawa No.35, Canggu, Kuta Utara, Kabupaten Badung, Bali **TEL** 62)03618446567
WEB www.bungalowlivingbali.com
OPEN AM 8:00-PM 6:00
PRICE 인테리어 소품들은 길거리 상점에 비해 다소 비싼 편이나 내구성이 좋고 견고하다.

SURF LIFE IN KUTA

파도 좋은 날, 꾸따의 서프 스쿨

강한 파도, 그보다 더 강렬한
자외선이 함께하는 서핑이므로,
선스틱을 반드시 챙겨야 한다

SHOP INFO ›››
ADD. Jl. Pantai Kuta, Legian, Kuta, Kabupaten Badung, Bali
TEL 0858)57354315 **WEB** www.barusurf.com
OPEN AM 6:00-PM 7:00
PRICE 1:1 레슨 60USD(2시간) / 그룹 레슨 40USD(2시간)

바루서프 스쿨의 라운지
공간에서는 서프 관련 서적을
읽으며 시간을 보내기에도 좋다

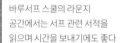

1 바루서프 스쿨 Barusurf School

발리를 대표하는 한국인 서프 스쿨. 국내에 서핑 문화가
잘 알려지지 않은 시절부터 이곳에 자리잡아 체계적인 교
습 시스템을 구축하고 있다. 각종 방송에서도 셀러브리
티들이 서프 레슨을 위해 방문하는 곳으로 등장하곤 했
다. 편안한 의사소통은 이곳의 최대 장점. 바다에서 이뤄
지는 액티비티는 현지인 강사와 진행하지만, 준비와 이론
설명은 한국인 강사와 함께 하니 걱정의 여지가 없다. 수
강생이 원하는 경우 사진과 영상 촬영도 도와주므로, 이
번 기회에 자신의 모습을 담고 싶다면 이곳만한 서프 스
쿨도 없다.

수강생들과의 좋은 추억이
바루서프의 즐거움이다

바루서프는 꾸따 비치에서 도보로
15분 거리에 위치하고 있다

날마다 어김없이 서프
보드를 손보고 있는 직원들

Cool!

꾸따의 서퍼 사이에서 명성이 자자한
나루키 서프 숍

2 나루키 서프 숍 Naruki Surf Shop

서핑하기 좋은 파도가 밀려오는 꾸따 비치 인근에는 수많은 서프 숍과 서프 스쿨이 자리한다. 이곳은 특히 여행자와 현지인 가릴 것 없이 많은 이들이 즐겨 찾는 꾸따의 터줏대감이다. 걸음마 뗄 때부터 이곳에서 서핑을 했다는, '믿거나 말거나'식의 이야기 보따리를 풀어내는 주인장은 정말이지 서핑에 관한 모든 것을 꿰뚫는다. 초심자는 물론이고 보드를 수리하거나 업그레이드 하려는 실력자들도 알음알음 이곳을 찾는다. 연륜의 주인장과 직원들이 한눈에 보고 문제를 짚어내기 때문. 수강생의 실력에 따라 매일 다른 시간에 레슨을 진행하므로 방문 문의하거나, 메일을 통해 예약을 잡는 것이 좋다.

SHOP INFO >>>
ADD. Gang Popies 2, Jl. Benesari, Legian,
Kuta, Kabupaten Badung, Bali
TEL 0361)765772 **E-MAIL** naruki.drding@gmail.com
OPEN AM 11:00-PM 10:00
PRICE 1:1 레슨 250,000IDR(2시간)

1

2

3

③ 발루세 서프 Baluse Surf

서핑밖에 모르고 살던 니아스섬(인도네시아 수마트라섬 북부에 자리한다) 출신의 청년은 프로 서퍼를 넘어 오늘날까지 이곳에서 10년째 제자 양성에 전념하고 있다. 그와 제자들이 운영 중인 이 서프 스쿨은 초보자가 가장 쉽게 서프를 배울 수 있는 꾸따 비치에 자리한다. 서퍼 전용 숙소도 마련하고 있으니 이곳에 베이스 캠프를 두고 장기 투숙을 하기에도 좋다. 이곳에서 숙식하며 강사들로부터 '꿀팁'을 얻는 건 투숙 서퍼만이 누릴 수 있는 보너스! 현지인 강사와의 원활한 커뮤니케이션을 위해 한국인 매니저를 두고 있는 것이 장점으로 꼽힌다. 원데이 레슨부터 한 달 코스까지 갖추고 있으며, 영상 촬영 서비스를 통해 단점을 보완, 체계적인 관리를 받을 수 있다.

Tip. 발루세 서프는 고객이 묵고 있는 리조트 혹은 호텔로 픽업&드롭 서비스를 제공한다(스미냑&꾸따 지역에 한함).

SHOP INFO

ADD. Goa Bungalow jl.Sriwijaya gang Dharma Kerti No.7, Legian, Kuta, Kabupaten Badung, Bali
TEL 62)082147875364
WEB www.balibaluse.com
OPEN 웨이브 시간대에 따라 탄력적 운영(상담은 상시 가능, 카카오플러스친구 아이디 balusesurf)
PRICE 원데이 클래스 470,000IDR(1인) / 830,000IDR(2인)

① 초보자에게 좋은 파도가 들어오는 날은 평소보다 많은 강사들이 투입되어 수업을 진행한다 ② 프로그램은 개인 또는 단체 참가 접수에 따라 진행되는데 이론 수업 후 충분한 연습을 한 뒤에야 바다에 입수할 수 있다 ③ 발루세 서프 캠프의 개인실은 욕실이 있는 원베드룸 타입으로 프라이버시가 보장된다

수업을 마친 수강생들은 삼삼오오 모여 자유 서핑을 즐기며 노을을 감상하곤 한다

1

④ 토께스 서프 숍 Toke's Surf Shop

재방문율이 높은 서프 스쿨. 언제나 싱글벙글 넉살 좋은 주인장의 친화력 덕분이다. 서프 레슨을 상담하러 갔던 여행자들은 이내 한바탕 이야기꽃을 피우고 그와 막역한 서프 버디가 되곤 한다. 파도 상황이 좋지 않거나 수강생의 실력이 조금 부족하다 싶으면 기본 2시간 레슨을 훌쩍 넘겨서라도 목표한 레벨까지 도달하도록 도와주는 것이 이곳의 장점으로 꼽힌다. 수업이 끝나는 시간은 곧 수강생의 체력이 바닥나는 순간과 같다고. 어느 정도 파도를 탈 줄 알게 되면 이곳에서 보드를 구매해도 좋다. 다른 숍보다 좀 더 할인된 가격으로 제품을 선보인다.

SHOP INFO >>>

ADD. Jl. Popies 2 No.2, Legian,
Kuta, Kabupaten Badung, Bali
TEL 0361)765726
OPEN AM 9:00-PM 9:30
PRICE 1:1 레슨 300,000IDR(2시간)

① 발리의 작은 도마뱀이 토께스의 상징이자 이름이다 ② 아저씨의 활발한 성격이 반영된 컬러풀한 인테리어 ③ 토께스에서는 다양한 종류의 모든 서프 관련 용품을 판매하고 있다

2

3

1

① 매장 양옆으로 늘어서 있는 서프 보드
② 날렵함을 자랑하는 서프 보드 핀
③ 식스센스에서는 중고 서프 보드도 판매하고 있다

⑤ 식스센스 서프 숍 Sixsense Surf Shop

널찍하고 쾌적한 매장을 자랑하는 식스센스 서프 숍. 영어가 유창한 여러 명의 현지인 강사진과 연결되어 있어 의사소통 걱정 없이 수업을 들을 수 있다. 바다에서 파도를 타고 나면 수강생들끼리 친해지는 경우가 유독 많아서 레슨 후 다 함께 우르르 꾸따의 핫플레이스를 찾아 사교의 시간을 나눈다고 한다. 주인장은 대부분의 시간을 서핑으로 보내기 때문에, 레슨 문의를 하고 싶다면 방문 상담보다는 전화 연결이 빠른 편이니 참고할 것. 서핑에 필요한 다채로운 품목을 마련하고 있어 언제든 구입이 용이하다.

SHOP INFO >>>

ADD. Gang Ronta No.5AA, Jl. Popies 2, Legian, Kuta,
Kabupaten Badung, Bali **TEL** 0812)24222380
OPEN AM 11:00-PM 11:00 **PRICE** 1:1 레슨 350,000IDR(2시간)

2

3

SURFERS' HANGOUT
서퍼들의 아지트

귓가에 들리는 파도
소리가 트로피컬한
기분을 한껏 높여준다

① 올드맨 Oldman's

서퍼들의 집결지인 바투볼롱 비치 바로 앞에 자리한 비스트로. 사실 대단히 맛깔스러운 음식을 기대하고 가는 곳은 아니다. 다만, 보드를 툭 내려놓은 채 맥주를 마시는 근사한 서퍼 손님들과 이곳 특유의 분방한 분위기에 섞여 지극히 발리다운 시간을 보낼 수 있는 공간이다. 올드맨을 방문하기 가장 좋은 시간은 오후 5시 이후다. 그 무렵부터 해넘이를 구경하려는 이들이 모여들기 시작해, 어둠이 내리고 나면 DJ의 흥겨운 음악과 함께 클러빙을 즐길 수 있다.

Tip. 식사 메뉴를 주문하는 곳과 음료를 주문하는 곳이 떨어져 있어서 매번 움직여야 하는 수고가 따른다. 만약 음료를 주문한다면 아이스 버킷을 요청해보자. 번거로운 주문을 한 번에 끝내고 내내 시원한 음료를 마실 수 있다.

SHOP INFO >>>

ADD. jl.Pantai Batubolong No.117x, Canggu, Kec, Kuta Utara, Kabupaten Badung, Bali
TEL 0361)8469158 **WEB** www.oldmans.net
OPEN AM 7:00-AM 1:00
PRICE 맥주(빈땅) 30,000IDR / 스낵 50,000IDR부터

① 외국인들이 특히 올드맨을 선호하는 이유는 바로 틀에 박히지 않은 이곳 특유의 분위기에 있다
② 올드맨에서 가장 인기 있는 베드 테이블. 같이 여행 오지 않았더라도 이곳에서 만나는 모두 친구가 된다
③ 어둠이 내리고, DJ가 핫한 음악을 틀기 시작하면 어느새 올드맨 클럽으로 변신한다

1

2

SHOP INFO >>>

ADD. Jl.Pantai Batu Mejan No.8, Canggu, Kec,
Kuta Utara, Kabupaten Badung, Bali
TEL 0811)388150
WEB www.deuscustoms.com
OPEN AM 7:00-자정(선데이 파티 제외)
PRICE 우스 시그니처 브런치 90,000IDR /
자체 블렌드 커피 10,000IDR부터

2 데우스 엑스 마키나 Deus Ex Machina

세칭 '서프 보드계의 에르메스'라 불리는 서프 제품 브랜드, 데우스 엑스 마키나에서 직접 운영하는 콘셉트 스토어. 공간 한 편에 레스토랑과 카페가 마련돼 느긋하게 여유를 누리며 쇼핑을 즐길 수 있다. 보드는 물론이고 서프 의류와 크고 작은 서프 용품과 커스텀 바이크까지, 없는 것 빼곤 다 있으니 눈이 즐겁다. 음식과 커피 메뉴 모두 재료와 조리법을 섬세하게 고려한 기색이 역력하다. 서비스 또한 발리 특유의 느긋한 문화에 비해 신속하고 사근사근한 편이다. 매주 일요일마다 열리는 '데우스 선데이 파티'는 세계 각국에서 온 자유로운 영혼의 서퍼들과 한데 어울릴 수 있는 만남의 장이다. 서핑 문화가 궁금하다면 방문해볼 법하다.

3

① 어디든 편하게 앉으면 옆 사람과 친구가 되는 마법 같은 분위기 ② 매장 안에서는 보다 좋은 가격의 제품을 찾고자 하는 손님들로 늘 붐빈다 ③ 서프 보드에 필요한 핀부터 서퍼의 패션을 완성해주는 캡까지, 다양한 제품들을 판매한다 ④ 일요일마다 라이브 밴드 공연과 더불어 파티가 열리는 뒷마당

4

색감과 질감 표현이 감각적이라, 서핑을 하지 않는 사람이라도 소장하고 싶어지는 서프 보드

③ 싱글핀 발리 Single Fin Bali

서프 관련 용품 상점이자 술루반 해변을 주름잡은 핫한 비치 바. 섬 곳곳에 분점이 자리하는데, 이곳 술루반 해변 지점이 본점이다. 절벽 위에 자리해 기막힌 경관을 자랑한다. 강한 볕이 쏟아지는 한낮엔 바다가 에메랄드 색으로 빛나고, 저녁엔 타는 듯한 붉은 놀이 수평선을 흥건히 물들인다. 매주 일요일엔 '선셋 파티'가 열리는데, 절벽 위의 해넘이를 배경으로 DJ의 흥겨운 음악이 흐르니 몸을 내맡기지 않을 도리가 없다.

Tip. 애매한 위치 탓에, 방문 시 그랩이나 고카를 부르기 어렵다. 때문에 현장에서 호객하는 값비싼 택시를 이용하는 방법밖에 없다.

① 싱글핀의 모든 테라스는 밤낮을 가리지 않고 늘 만석이다 ② 주말에 테라스의 단체 테이블을 이용하고 싶다면 홈페이지로 사전 예약하는 것이 좋다 ③ DJ와 함께하는 파티 현장. 연말연시에는 '뉴 이어 파티'가 이어진다

SHOP INFO >>>
ADD. Pantai Suluban, jl.Labuan Sait, Pecatu, Uluwatu, Kec, Kuta Selatan, Kabupaten Badung, Bali **TEL** 0361)769941 **WEB** www.singlefinbali.com
OPEN 월, 화, 목 AM 8:00-PM 11:00 / 수, 일 AM 8:00-AM 1:00 / 금, 토 오전 8:00-자정 **PRICE** 식사 메뉴 70,000~200,000IDR / 음료 15,000IDR부터

④ 날루 볼 Nalu Bowls

부지런한 서퍼를 위한 샐러드 & 주스 바. 오전 일찍 오픈해 오후 6시면 문을 닫는다. 해변으로 가는 길목에 위치하고 있어서, 날마다 출근 도장을 찍는 서퍼들이 간단하게 아침을 해결하는 곳으로 알려져 있다. 짱구에 장기 체류하는 이들은 이곳의 맛과 친근한 서비스 덕에 언제나 아침을 기분 좋게 맞이한다고 귀띔한다. 모든 메뉴는 주문과 동시에 조리를 시작하기 때문에, 간혹 오래 기다려야 할 때도 있지만 서퍼들 대개가 낙천적인 만큼 불평 없이 즐겁게 기다린다. 스미냑에도 분점이 있다.

SHOP INFO >>>
ADD. Jl.Batu Mejan No.88, Canggu, Kec, Kuta Utara, Kabupaten Badung, Bali
TEL 0812)37899428 **WEB** www.nalubowls.com
OPEN AM 7:30-PM 6:00
PRICE 울루와뚜 볼 70,000IDR

① 깔끔한 화이트 인테리어 콘셉트가 자연친화적인 나무지붕과 묘하게 잘 어울린다 ② 이 동네의 홍반장처럼 오고 가는 여행자들에게 반갑게 인사하고 있는 직원 ③ 매일 아침마다 바뀌는 테이블의 싱그러운 꽃

짱구 지역과 잘 어울리는 서프 보드와 자전거

⑤ 서프 사이드 카페 Surf Side cafe

발리의 핫플레이스로 급부상한 짱구는 이제 발리의 청담동이라 불리는 스미냑보다도 더 높은 물가를 자랑한다. 값비싼 레스토랑이 즐비하기 때문에, 장기 체류하는 서퍼들에게는 여간 부담스럽지 않을 수 없다. 이 상황을 평정한 곳이 바로 서프 사이드 카페다. 에코 비치에서 이른 아침부터 파도를 타는 서퍼들에게 손꼽히는 가성비 최고의 맛집으로 이름이 높다. 발리 현지식과 웨스턴 메뉴가 공존하기 때문에 다양한 입맛을 포용한다. 런치 타임엔 보드를 한편에 세워두고 식사하는 '나 홀로 서퍼'로 가득하다.

다이어트식으로 딱 좋은 닭고기 채소 볶음 찹차이 치킨

SHOP INFO >>>

ADD. Jl. Pantai Batu Mejan, Canggu, Kec,
Kuta Utara, Kabupaten Badung, Bali
TEL 0853)38684567 **WEB** www.surfsidecafe.id
OPEN AM 7:00-PM 10:00
PRICE 식사 메뉴 시즐링 몽골리안 비프 70,000IDR /
찹차이 치킨 35,000IDR

소고기가 듬뿍 들어가
묵직한 맛을 내는
시즐링 몽골리안 비프

① 에코 비치로 가는 길목에 위치하고
있어 눈에 띄는 서프 사이드 카페
② 직원들이 모두 친절해
나 홀로 식사를 해도 외로울 틈이 없다

카페 구석구석을 장식하고 있는 서프 보드

바투볼롱과 근접한 곳에 위치하고 있어서 쉽게 찾을 수 있다

🔖 피시본 로컬 Fishbone Local

가벼운 점심식사부터 맥주를 곁들인 흥겨운 야식 시간까지, 한 큐에 끝낼 수 있는 레스토랑. 이름처럼 지역에서 갓 잡은 싱싱한 해산물을 맛볼 수 있는 공간이다. 솜씨 좋은 현지인 셰프의 요리는 담백하고 맛깔스러운데, 특히 파도를 타고 난 뒤 가볍게 즐기기 좋은 런치 메뉴가 알찬 편이다. 맥주와 칵테일 외에도 다채로운 와인 리스트를 마련해 간단한 스낵과 함께 흥성거리는 짱구의 밤을 보낼 수 있다. 뒤뜰에 자리한 테라스에서는 이따금 파티가 열리는데, 모든 손님들이 한데 모여 어울리는 친근한 분위기가 조성된다. 여행 친구를 만나고 싶다면 이때 슬쩍 동참해도 좋다.

SHOP INFO

ADD. Jl.Batu Bolong No.99, Canggu, Kec, Kuta Utara, Kabupaten Badung, Bali
WEB www.fishbonelocal.com
OPEN AM 12:00-PM 24:00
PRICE 프레쉬 코코넛 30,000IDR

발리의 넘버 원 음료는 바로 이 코코넛

① 담쟁이 덩굴이 근사한 인테리어를 완성하는데 한몫하고 있다
② 칵테일을 주문할 수 있는 바 ③ 프라이빗 파티가 열리곤 하는 뒤뜰 테라스 공간 ④ 저녁이 되면 레스토랑의 테라스는 스탠딩 손님들로 붐빈다

7 보스맨 Boss Man

입안 가득 육즙이 느껴지는 보스맨의 홈메이드 버거는 서퍼들의 지독한 허기를 한방에 해결해 준다. 두툼한 패티와 부드러운 빵이 어우러져, 버거 하나만으로 종일 든든하다. 덕분에 여자 손님들보다는 건장한 외국인 청년들로 가득하다. 특히 버거와 빈땅 맥주, 감자튀김으로 구성된 넉넉한 양의 '더 비기 딜The Biggie Deal' 세트는 보스맨에서 가장 인기 있는 메뉴다. 낮에는 서핑족으로 가득하고, 밤에는 클러빙 후 야식을 즐기려는 이들로 북새통이다.

① 보스맨에서 든든하게 런치를 즐기고 있는 사람들. 대부분이 서퍼들이다
② 모던한 분위기의 인테리어 ③ 눈에 띄는 보스맨의 시그니처 로고 장식

SHOP INFO >>>

ADD. Jl. Popies 2, Legian, Kuta, Kabupaten Badung, Bali **TEL** 0811)3867063
WEB www.bossmanbali.com
OPEN AM 12:00-AM 4:00
PRICE 오리지널 갱스터 버거 95,000IDR, 빈땅 맥주 35,000IDR

SHOP INFO >>>

ADD. Jl. Padang Linjong No.80, Canggu, Kec, Kuta Utara, Kabupaten Badung, Bali
TEL 0822)36473115
WEB www.funkypancakesbali.com
OPEN AM 7:00-PM 7:00 **PRICE** 아이스 카페 라테 42,000IDR / 프레시 코코넛 35,000IDR

8 펑키 팬케이크 발리 Funky Pancakes Bali

'발리에서 생긴 일'을 꿈꾼다면 이곳으로. 함께 파도 타다, '썸'까지 타는 사이가 됐다면 펑키 팬케이크 발리에서 오붓한 데이트를 시작해도 좋다. 이곳의 달콤한 인테리어와 분위기는 막 시작하는 연인들과 꼭 어울린다. 덕분에 에코 비치에서 함께 오토바이를 타고 온 커플들이 대부분의 좌석을 메우고 있다. 서퍼걸의 취향에 꼭 맞는 '커스텀 팬케이크'를 만나볼 수 있다는 점도 매력적이다. 갓 따온 싱싱한 코코넛도 놓쳐선 안 될 메뉴다.

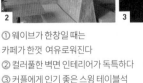

① 웨이브가 한창일 때는 카페가 한껏 여유로워진다
② 컬러풀한 벽면 인테리어가 독특하다
③ 커플에게 인기 좋은 스윙 테이블석

매일매일 자체 수급하는 신선한 코코넛

⑨ 스탁 바 & 그릴 Stakz Bar & Grill

발리 전통 가옥의 형태에 1970년대 다방을 떠오르게 하는 레트로 인테리어가 눈에 띄는 바. 뽀삐스 거리엔 세련된 감각을 자랑하는 바가 많은데, 그중에서도 유독 인기 있는 것은 이 허름한 공간이다. 맥주와 위스키 외에도 다채로운 칵테일을 접할 수 있는 데다, 탁 트인 공간이 매력적이라는 게 중론. 오전부터 낮까지는 브런치와 그릴 스테이크를 찾는 사람들이, 밤이면 흥에 겨운 애주가들이 모여드니 시시각각 모습이 바뀌는 카멜레온 같다.

SHOP INFO

ADD. Gang Popies 2, Jl. Benesari, Legian, Kuta, Kabupaten Badung, Bali
TEL 0361)4726950
WEB www.stakzbarbali.com
OPEN AM 9:00-자정
PRICE 음료 20,000IDR부터 / 식사 69,000IDR부터

① 앤티크하다 못해 올드함마저 물씬 느껴지는 공간 ② 낮에는 여성 손님을 위한 헬시 볼도 선보인다 ③ 세상 모든 칵테일을 만들어낼 기세의 백바Back bar

⑩ 드리프터 서프 숍 Drifter Surf Shop

다양한 종류와 디자인의 서프 의류와 액세서리를 선보이는 매장. 디자이너나 스타일리스트 등 업계 전문가들이 알음알음 즐겨 찾는 곳으로도 유명하다. 다른 곳에서 찾기 힘든 독특한 제품을 만나볼 수 있기 때문에 굳이 구매 목적이 아니더라도 둘러보는 재미가 쏠쏠하다. 다만 워낙 많은 이들로 붐비는 곳이라, 구매 의향 없이 질문하거나 피팅을 원하는 경우 불친절을 겪을 수 있다. 매장 한편엔 태닝하면서 보기 좋은 영문 서적도 판매하고 있다.

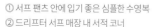
① 서프 팬츠 안에 입기 좋은 심플한 수영복
② 드리프터 서프 매장 내 서적 코너
③ 서퍼들에게 인기 만점인 드리프터 서프의 제품

SHOP INFO

ADD. Jl. Oberoi, Gang Badung No.50, Seminyak, Kuta Utara, Kabupaten Badung, Bali **TEL** 0361)733274 **WEB** www.driftersurf.com
OPEN AM 9:00-PM 11:00 **PRICE** 수영복 1,000,000IDR

11 시스타 짱구 Sista Canggu

중화요리의 농밀한 맛이 그립다면 여기만 한 식당도 없다. 짱구 지역의 서퍼라면 누구나 알고 있는 이곳은 오밀조밀한 인테리어와 대조적으로 남성 서퍼들이 즐겨 찾는 공간이다. 시그니처 메뉴인 차이니스 덤플링이 높은 인기에 한몫하는데, 깊고 묵직한 맛과 다양한 종류를 자랑한다. 게다가 냉동 포장용 덤플링까지 판매해 숙소에서 간단히 요기하려는 이들에게 안성맞춤이다. 레스토랑 뒤편으로 시원하게 보이는 라이스 필드 전망도 매력적이다. 다만 최근 단체 여행객들의 방문이 잦아 조금 어수선해진 것이 유일한 흠이다.

SHOP INFO >>>

ADD. Jl. Raya Semat No.7, Tibubeneng,
Kec, Kuta Utara, Kabupaten Badung, Bali
TEL 0812)3645011
OPEN AM 7:30-PM 6:00
PRICE 덤플링(3pcs) 35,000IDR부터

① 주인장의 아기자기한 성격을 반영한 주방 공간
② 실내 좌석이 무척 근사한데도, 테라스 테이블이 먼저 만석이 되곤 한다 ③ 제법 안정적인 와이파이를 제공하고 있어서 노트북 작업에도 좋은 환경이다
④ 아쉽게도 시스타의 네온사인은 저녁 6시면 불이 꺼진다 ⑤ 테라스 테이블은 쿠션에 기대어 편안히 시간을 보내기에 좋다

HANDMADE WORKSHOPS
발리니스 클래스

① 발리니스 쿠킹 클래스 앳 디 아말라
Balinese Cooking Class at The Amala

아말라 리조트에서 운영하는 발리니스 쿠킹 클래스. 스미냑에 위치한 데다가 소규모 인원으로 진행해 집중도가 높아서 인기 있는 프로그램이다. 매일 오전 11시와 오후 4시, 2번의 클래스가 각 2시간가량 소요된다. 셰프와 동행해 발리 시장을 함께 방문, 신선한 재료를 고르는 것부터 참관할 수 있는데 미리 신청하면 호텔 픽업 서비스까지 제공 받을 수 있다. 클래스에서 다루는 발리니스 요리는 3종류로, 육류가 포함된 2개의 메뉴와 비건을 위한 채식 메뉴가 마련된다. 여느 쿠킹 클래스에 비해 세심한 배려가 엿보이는 대목이다.

Tip. 환불을 원한다면 클래스 이틀 전까지 취소해야 한다.

SHOP INFO >>>
ADD. Jl.Kunti 1 No.108, Seminyak, Kuta Utara, Kabupaten Badung, Bali
TEL 0361)738866 **WEB** www.theamala.com
OPEN AM 9:30-PM 6:00
PRICE 1인 725,000IDR(TAX 별도)

① 쿠킹 클래스 스튜디오는 아말라 리조트 내부에 자리하고 있다 ② 요리를 마치면 개인별로 가져가도 좋고 다함께 식사하며 맛을 나눠도 좋다 ③ 깔끔하고 단정한 조리실 ④, ⑤ 수업 당일, 리셉션의 직원들이 클래스 장소까지 친절하게 안내를 해준다

알면 더 맛있다, 발리니스 요리의 세계

● 발리니스 요리의 특징

인도네시아는 풍성한 향신료와 채소를 기반으로 다채로운 식문화를 이어왔다. 인도와 동남아시아 주변국, 중국 등 여러 문화권의 영향으로 다양한 조리법과 풍미를 지닌 것이 특징이다. 'CNN 선정 최고의 음식 1위'로 인도네시아 전통 소고기 찜인 렌당Rendang이 꼽혔을 만큼, 그 맛과 역사는 이미 세계적인 수준을 자랑한다. 발리니스 요리는 인도네시아 요리에 힌두교의 종교적 풍습이 뒤섞여 고유한 모습을 이룬다. 밥을 채소와 같이 먹는 방식이 주를 이루고, 갓 잡아 올린 싱싱한 해산물, 닭고기와 돼지고기(소고기는 종교적 이유로 금한다), 염소고기 등 특별한 식재료로 축제나 제례 음식을 선보인다. 이와 같은 진짜배기 발리 요리를 맛보고 싶다면 서민 식당인 와룽 Warung을 찾아야 한다. 발리 최고의 와룽이 궁금하다면, 122p를 참고할 것!

Tip. 발리니스 요리에 쓰이는 양념들

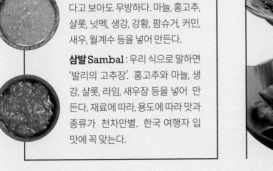

범부 Bumbu : 인도네시아어로 '여러 향신료를 섞음'을 뜻한다. 생강, 강황, 넛멕, 고추 등을 넣어 만드는 천연 조미료로, 음식의 풍미를 더하는 데 사용된다.

바사게데 Basa gede : 발리식 만능 양념장. 거의 모든 음식에 들어간다고 보아도 무방하다. 마늘, 홍고추, 샬롯, 넛멕, 생강, 강황, 팜슈거, 커민, 새우, 월계수 등을 넣어 만든다.

삼발 Sambal : 우리 식으로 말하면 '발리의 고추장'. 홍고추와 마늘, 생강, 샬롯, 라임, 새우장 등을 넣어 만든다. 재료에 따라, 용도에 따라 맛과 종류가 천차만별. 한국 여행자 입맛에 꼭 맞는다.

● 발리니스 대표 메뉴

1 나시고렝 Nasi Goreng : 나시Nasi는 밥을, 고렝Goreng은 볶음이나 튀김을 뜻한다. 한 마디로 볶음밥. 인도네시아 전역에서 맛볼 수 있는 요리로, 미(면)고렝과 함께 현지인들의 주식으로 손꼽힌다. 해산물 또는 닭고기를 함께 볶아 먹는다.

2 가도가도 Gado-gado : 인도네시아식 샐러드. 구성은 지역별로 조금씩 다르지만 삶은 달걀과 채소, 튀긴 두부나 템페Tempeh(인도네시아 전통식 콩떡)를 한데 담는다.

3 나시 짬뿌르 Nasi Campur : 하나의 접시에 밥과 함께 갖가지 반찬을 곁들여서 먹는 음식. 와룽에서 자주 볼 수 있는 형태로, 직접 원하는 반찬을 골라 먹는 식이다. 노점에서는 반찬 몇 가지를 미리 포장해 판매하기도 한다. 짬뿌르Campur는 '섞다'라는 뜻을 지닌다.

4 바비굴링 Babi Guling : 힌두의 섬인 발리에서 절대 빠질 수 없는 돼지 요리. 아기 돼지를 통으로 구워내는데, 와룽에서는 주로 '나시 바비굴링'이라는 단품 메뉴로 판매한다. 보통 명절이나 결혼, 큰 이벤트 등에는 꼭 이 바비굴링을 준비하여 손님을 맞이한다.

공간 곳곳에서 예술가의 은은한 향기가 느껴진다

② 뇨만 와르따 바틱 클래스
Nyoman Warta Batik Class

우붓 전통시장 뒤꼍에 자리한 공간. 상호의 '바틱Batik'이란 인도네시아 전통 직물 공예를, '뇨만 와르따Nyoman Warta'는 우붓을 대표하는 바틱 아티스트이자 이곳의 운영자를 지칭한다. 이 거리의 터줏대감인 만큼 우붓의 문화와 전통을 느낄 수 있다. '바틱 클래스Batik Class'라고 쓰인 입구로 들어서면 소박한 마당이 나타나는데, 그 앞을 지나 깊숙이 들어가야 수업이 열리는 별채에 당도할 수 있다. 3가지 색깔의 바틱을 만들어보는 것으로 흰 천에 문양을 한 땀씩 그려나갈 때마다 오묘한 재미를 느낄 수 있다. 남녀노소 모두 거부감 없이 도전해볼 만한 클래스다.

Tip. 별도의 스케줄 표가 없다. 편한 시간에 방문하여 레슨을 수강할 수 있다.

SHOP INFO >>>
ADD. Jl.Gootama No.12, Ubud, Kecamatan Ubud, Kabupaten Gianyar, Bali
TEL 0813)37465854 **WEB** www.nyomanwarta.com
OPEN AM 10:00-PM 6:00
PRICE 3시간 350,000IDR

① 발리니스 하우스를 그대로 사용하고 있는 뇨만 와르따 바틱 클래스
② 첫 수업에서 밑그림 작업부터 시작하고 있는 수강생
③ 별채 마당 한편에서 한창 작업 중인 수강생
④ 바틱 밑그림에 쓰이는 원액은 지속적으로 따뜻하게 유지해야만 한다
⑤ 주인장이 직접 그려 준 샘플 중에서 바틱 밑그림을 고를 수 있다

인도네시아를 상징하는 전통예술, 바틱

● 발리 문화 속에서 만나는 바틱

공공기관에 근무하는 발리니스 남성들은 매주 목요일마다 바틱 셔츠를 입는 것을 관례로 삼는다. 그만큼 바틱은 그들의 생활 속에 깊이 침윤해 있는 문화다. 인도네시아의 문화적 정체성을 상징하기 때문에 중요한 행사에는 꼭 바틱 의상을 착용한다. 여성 전통의상인 크바야와 더불어 바틱 역시 천의 종류, 염색 기법, 패턴 문양에 따라 종류가 천차만별이다. 덴파사르 공항에 도착하면 바틱 셔츠를 입고 있는 운전기사들을 자주 목격할 수 있는데, 이는 손님에 대한 예의를 정중히 갖추었다는 표시다.

Tip. 알고 보면 더 재미있다, 바틱 제조 기법

바틱 뚤리스 Batik Tulis : 짠팅Canting(구리 펜촉에 나무 손잡이가 달린 도구)만으로 패턴을 그리는 기법

바틱 짭 Batik Cap : 짭Cap(구리로 만든 도장)으로 패턴을 찍어내는 방식

바틱 루끼스 Batik Lukis : 흰 천 위에 그림을 그리는 방식. 바틱 클래스에서 경험할 수 있는 기법

● 바틱이란

직물 위에 뜨겁게 달군 밀랍으로 점을 하나하나 찍어 패턴을 만드는 인도네시아 전통 공예 기법이다. 어원은 자바어 '암바Amba(쓰다)'와 '티틱Titik(점 찍다)'에 둔다. 유네스코 무형문화유산에 등재되기도 한 우리 인류의 자랑으로, 화려하고도 독창적인 미감을 지닌다. 수만 개의 섬으로 이루어진 국가인 만큼 각각의 섬마다 다양한 패턴을 선보인다. 간단하게 꽃이나 동물 문양을 반복하는 데서 시작해, 기하학적인 무늬로 종교적 의미를 부여하기까지 이른다. 이를테면 원을 겹쳐 만든 다이아몬드 형상인 카웅Kawung부터, 힌두의 신인 가루다Garuda의 날개를 형상화하는 데까지 그 스펙트럼이 넓다. 제작 방식은 기법에 따라 여러 가지인데, 하나의 완성품을 만드는 데에 짧게는 2~3일부터 길게는 3개월까지 소요되기도 한다.

089

데와 아놈의 작품과 학생들의 작품이 스튜디오 한면을 가득 채우고 있다

③ 꾸부꾸부 갤러리 & 아트 클래스
Kupu Kupu Gallery & Art Class

꾸부꾸부란 인도네시아어로 나비를 뜻한다. 이곳은 나비처럼 자유로운 영혼의 소유자인 오너 아티스트 데와 아놈Dewa Anom과 그의 작품을 만나볼 수 있는 복합문화공간이다. 모두에게 열려 있는 아틀리에로, 누구든 원하는 시간에 방문해 1시간 단위로 원데이 회화 클래스에 참여할 수 있다. 수업이 끝나고 나면 함께 티타임을 가지며 그림에 대한 이야기, 데와의 작품 이야기 등을 나눈다. 그러다 종종 마음에 맞는 사람들끼리 즉흥 아트 투어를 떠나기도 한다. 발리 특유의 부드러운 색감 표현을 배우고, 예술을 기반한 교류를 도모할 수 있으니 유익한 기회가 될 것이다.

SHOP INFO >>>
ADD. Jl.Jembawab 1 No.27, Ubud, Kecamatan Ubud, Kabupaten Gianyar, Bali
TEL 0822)66499328 **WEB** kupukupu.org
OPEN AM 10:00-PM 8:00
(수업 진도에 따라 탄력 운영)
PRICE 1시간 100,000IDR

① 언제나 화기애애한 분위기 덕에 재방문하는 여행자들이 많다
② 러시아에서 찾아온 수강생이 그린 작품 ③ 수차례의 수강을 통해 작품을 완성하기도 하는데, 진한 색감이 인상적인 이 해바라기 그림 또한 그렇다 ④ 갤러리 가는 길은 한가로운 시골 풍경이 이어진다
⑤ 오너 아티스트의 독특한 성격이 드러나는 작업 테이블

자유분방하게 놓인 수업 준비물

④ 우붓 보타니 인터랙티브
Ubud Botany Interactive

건강한 코스메틱을 찾는다면, 직접 만들어 보는 건 어떨까. 이곳은 100% 천연재료를 사용한 보디크림 제작 클래스를 운영한다. 첨가물은 전혀 들어가지 않고, 오직 생알로에와 신선한 코코넛을 갈고, 끓이고, 증류해서 만드는 과정을 거친다. 원하는 시간과 인원수로 예약하면 미리 재료를 다듬어 준비해주기 때문에 시간을 절약할 수 있다. 직접 만든 완성품은 예쁜 병에 담아 소장할 수 있는데, 자극이 전혀 없고 향이 은은해서 한시 바삐 사용하고 싶어진다. 다만 방부제가 없기 때문에 가급적 오래 두지 않는 것이 좋다. 아이들이 참여하기에도 어렵지 않고 호기심을 자극하는 코스이기 때문에 가족 단위 수강생도 많다. 또한 클래스에 참여하지 않더라도 보타니 인터랙티브에서 직접 만든 천연 제품을 구매할 수 있다.

돌로 만든 전통 밀대를 사용해서 코코넛을 믹스한다

SHOP INFO >>>

ADD. Jl.Kajeng No.32A, Ubud, Kecamatan Ubud, Kabupaten Gianyar, Bali
TEL 0856)3719259 **WEB** www.ubudbotany.com
OPEN 월~토요일 AM 11:00, PM 2:00
(상담 AM 9:00-PM 5:00)
PRICE 350,000IDR(90분)

① 동시간 최대 2팀까지 수업을 수강할 수 있다
② 보타니 인터랙티브에서 직접 제작한 오일, 로션 등의 천연 제품들
③ 외관부터 싱그러운 분위기가 물씬하다
④ 보타니 인터랙티브로 가는 길목은 타일 하나하나 글자가 새겨져 있어 보는 재미가 쏠쏠하다

CLUB VIBES
in bali

발리 클럽의 모든 것

흥을 주체하지 못하는 날이면 스미냑, 꾸따, 짱구로 나갈 것.
감각적인 음악과 인테리어로 무장한 클럽이 당신의 발길을 사로잡는다.
드레스업을 위한 로드숍 리스트도 귀띔한다.

온종일 즐겁다, 비치클럽

1 핀스 VIP 비치클럽
Finns VIP Beach Club

짱구

짱구의 시그니처 비치클럽인 핀스에서 럭셔리 버전의 비치클럽을 새롭게 오픈했다. 블랙&블루 컬러가 주조를 이루는 핀스와는 대조적으로 순백의 모던함을 내세운 것은 물론, 상당한 입장료만큼이나 모든 시설과 서비스를 차별화했다. 우선 입구에서부터 직원의 친절한 에스코트를 받으며 셀러브리티가 된 듯한 기분을 만끽할 것. 환대는 주문 전부터 내어주는 애프터눈 티와 간단한 다과로 이어진다. 본격적으로 풀에 몸을 던질 작정이라면 무료로 제공하는 베드 타월, 선블록, 미스트 등 어메니티를 이용해도 좋다. 핀스와 핀스 VIP 비치클럽의 2가지 풀을 자유롭게 이용할 수 있으니 지루할 틈이 없다.

FOR WHOM : 하루쯤 셀러브리티처럼 호사를 누리고 싶다면

SHOP INFO >>>

ADD. Jl. Pantai berawa No.5, Tibubeneng, kuta Utara, Kabupaten Badung, Bali

TEL 62)03618446327

WEB www.vipbeachclubbali.com

OPEN AM 9:00-PM 11:00(이벤트 일정에 따라 탄력 운영되므로 홈페이지에서 미리 확인해보는것이 좋다)

PRICE 싱글 데이베드 750,000IDR

① 데이베드 주변에 직원들이 항상 상주하고 있기 때문에 늘 손쉽게 주문할 수 있다 ② 부드럽고 쫄깃한 도우에 치즈까지 듬뿍 가미된 마르게리타 피자는 이곳에서 핫한 메뉴 중 하나 ③ 코코넛에 각인된 VIP 마크가 럭셔리한 기분을 한층 돋워 준다 ④,⑤ 항상 손님들로 북적이는 핀스 비치클럽에 비해 충만한 여유로움을 즐길 수 있다

2

3

SHOP INFO >>>

ADD. Jl.Pantai Batu mejan, Canggu, Kec,
Kuta Utara, Kabupaten Badung, Bali
TEL 0811)3946666
WEB www.labrisabali.com
OPEN AM 7:00-PM 11:00
PRICE 별도 입장료 없음 /
미니멈 차지 일반 테이블 400,000IDR /
단체 테이블 1,000,000IDR

2 라 브리사 La Brisa 짱구

두말이 필요 없는 짱구의 대표 비치클럽. 핀스 비치클럽이 럭셔리 비치클럽의 대표주자라면 라 브리사는 빈티지한 매력이 넘치는 곳이다. 과거엔 알음알음 아는 사람들만 찾아가던 클럽이었는데, 언제부턴가 쿨한 클러버들이 모이기 시작하더니 올해는 대대적인 공사를 통해 2배의 규모로 거듭났다. 여러 개의 아기자기한 풀을 거느린 이곳에선 본격적으로 수영을 하기보다는 잎사귀를 풍성하게 늘어뜨린 야자수 그늘 아래 바다를 바라보며 물장구 치는 편이 더 즐겁다. 입구부터 죽 진열된 멋스러운 아이템을 배경으로 셀피를 남겨 보아도 좋겠다.

FOR WHOM : 느슨하고 유쾌한 보헤미안이라면

① 본래 있었던 야자수를 그대로 활용하여 공간 구성을 했기 때문에 여느 비치클럽보다 자연의 느낌이 물씬하다 ② 확장 공사 후 새롭게 오픈한 서브 풀 ③ 숲속에 있는 요새를 연상케 하는 듯한 인테리어

1

3 코모 비치클럽 Como Beach Club 짱구

서퍼들로 가득한 에코 비치 앞에 둥지를 튼 공간. 리조트의 부속 시설로 운영되는 비치클럽이지만 투숙객이 아니어도 자유롭게 이용할 수 있다. 스미냑에 집중되어 있는 비치클럽에 비해 비교적 한갓진 공간으로, 깔끔하고 정돈된 시설을 자랑한다. 넓은 수영장은 언제나 수질 관리가 청결하게 되어 있고, 널찍한 스윙 데이베드는 오래 머물며 나른한 오후를 보내기에 더할 나위 없다. 한낮에는 뒹굴뒹굴 독서와 태닝을 하다가, 어둠이 내리고 나면 레스토랑에서 근사한 정찬을 즐겨도 좋겠다.

FOR WHOM : 유유자적 나만의 시간을 누리고픈 몽상가라면

SHOP INFO >>>

ADD. Jl.Pantai Batu mejan, Canggu, Kec,
Kuta Utara, Kabupaten Badung, Bali
TEL 0361)6202208 **WEB** www.comohotels.com
OPEN AM 10:00-PM 8:00
(레스토랑 이용은 PM 11시까지)
PRICE 데이베드 미니멈 차지 500,000IDR

2

3

① 비치클럽 내 인기 스폿으로 꼽히는 스윙 데이베드 ② 낮에는 한적한 편이지만 저녁엔 더할 나위 없이 붐비는 레스토랑 ③ 향기로운 칵테일을 만들어 내는 비치클럽 바

1

2

SHOP INFO >>>

ADD. Jl.Petitenget No. 51B, Kerobokan Kelod,
Kuta Utara, Kabupaten Badung, Bali
TEL 62)03614737979 **WEB** www.pthead.com
OPEN AM10:00-AM 2:00
PRICE 데이베드 1,000,000IDR부터

4 포테이토 헤드 비치클럽 발리
Potato Head Beach Club Bali

스미냑

'포테이토 헤드'는 발리에 여행 온 사람이라면 반드시 들어보았을 이름이다. 발리 UMF 페스티벌이 개최됐던 장소로도 명성이 자자하다. 발리적인 미감이 잘 녹아 있는 인테리어와 분방하고 유쾌한 비치클럽의 문화를 절묘하게 믹스매치한 것이 이곳만의 독특한 매력이다. 1년 365일 인파로 붐비는 곳이니만큼 이곳만의 분위기를 제대로 누리고 싶다면 해 지기 1시간 전에 시간에 자리를 잡는 것이 좋다.

FOR WHOM : 남들 하는 건 다 해봐야 직성이 풀리는 당신이라면
Tip. 행사가 잦은 비치클럽으로 홈페이지에서 확인하고 가는 것이 좋다.

4

3

5

① 이번 시즌의 메인 테마는 발리니스 전통의 바나나잎 장식이다
② 육즙이 가득 느껴지는 푸짐한 스테이크 샌드위치
③ 바다를 마주한 수영장은 풀바를 이용할 수 있다
④ 선셋을 기다리며 유유자적 힐링하는 사람들 ⑤ 비치클럽 곳곳에 자리하고 있는 야자수가 이국적인 분위기를 한층 살린다

홈페이지를 통해 VIP 입장을 미리 예약해야만 좋은 데이베드를 선점할 수 있다

5 원에이티 비치클럽
Oneeighty Beach Club

울루와뚜

울루와뚜에서 웅아산에 이르는 깎아지를 듯한 절벽 지대에는 유독 고급 리조트가 즐비하다. 눈부신 바다 전망을 누릴 수 있기 때문이다. 압도적인 경관으로 소문난 비치클럽 원에이티는 디 에지The edge 호텔에서 운영하는 공간이다. 절벽 위의 메인 풀은 특수 유리로 제작돼 바닥이 훤히 뚫린 듯 아찔한데, 이곳을 배경으로 사진을 찍으면 초현실주의 회화처럼 독특한 장면을 건질 수 있어 인기 포토 스폿으로 꼽힌다. 연말 시즌에는 유명 DJ를 초청해 파티를 벌이니 공식 웹사이트를 예의주시할 것.

FOR WHOM : 인생 사진을 위해 인생도 바치는 인스타그래머라면

SHOP INFO >>>

ADD. Jl.Goa Lempeh Banjar Dinas Kangin, Pecatu Kec, Kuta sel, Kabupaten Badung, Bali
TEL 62)03618470700
WEB www.oneeightybali.com
OPEN AM 11:00-PM 10:00
PRICE 입장료 450,000IDR(금액만큼 메뉴 주문 가능, 오버되는 금액은 추후 계산하는 시스템)

① 원에이티는 특별한 수영장 디자인으로 단숨에 발리의 대표적인 비치클럽 중 하나가 되었다 ②, ③ 메인 수영장 위쪽으로 서브 수영장이 하나 더 있어서 여유롭게 수영을 즐길 수 있다 ④ 호텔에서 운영하는 비치클럽이기에 보다 청결하고 쾌적한 환경을 유지한다

1

2

3

6 옴니아 데이클럽 발리
Omnia Day Club Bali

울루와뚜

TV 프로그램을 통해 수차례 소개되어 한국인 여행자들에게 널리 알려진 클럽. 발리 서쪽의 포테이토 헤드와 더불어 남쪽의 대표주자로 자리매김했다. 역시 극강의 절벽 뷰를 자랑하며, 시설과 규모 면에서도 입이 떡 벌어진다. 현란한 조명과 화려한 인테리어는 가히 발리 최고라 할 만큼 각별히 신경 쓴 모양새라 언제나 수많은 사람들로 붐빈다. 거의 매달 해외 유명 DJ를 초대해 파티를 여니 한 번쯤 럭셔리한 하루를 보내고 싶은 클러버라면 이곳을 놓쳐선 안 된다. 다만 메뉴와 베드 대여료 등이 발리 현지 시세로 봤을 때 터무니 없이 높은 가격이므로 비용 대비 효율성을 고려하는 여행자에겐 선뜻 추천하기가 어렵다.

FOR WHOM : 진정으로 음악을 사랑하는 클러버라면
Tip. 사전에 꼭 홈페이지를 확인하고 갈 것(DJ파티 이벤트가 있는 날은 입장료가 2,000,000IDR 부터다)

SHOP INFO >>>

ADD. Jl.Belimbing Sari, Pecatu, Kec, Kuta Selatan, Kabupaten Badung, Bali
TEL 0361)8482150 **WEB** www.omniabali.com
OPEN AM 11:00-PM 10:30
PRICE 데이베드 3,000,000IDR

① 옴니아의 대표적인 이미지로 각인되어 있는 풀 바는 바다가 시원하게 내려다보여 베스트 뷰 포인트로 꼽힌다
② 발리의 남쪽 절벽 중턱에 옴니아가 위치하고 있다
③ 입장료를 내고 들어서면 메인 레스토랑이 먼저 눈에 들어오는데, 규모가 상당하다

1년 365일 파티 분위기지만, 평일 낮에는 비교적 한산해 예약을 하지 않아도 된다

비치 바에서는 칵테일을 주문할 수 있고, 즉석에서 계산하면 된다

1

2

SHOP INFO >>>

ADD. Beach front at Sofitel,
Nusadua Lot N5 BTDC, Jl Nusaduam Benoa,
Kuta sel, Kabupaten Badung, Bali
TEL 62)03614772727
WEB www.ismaya.com/eat-drink/manarai
OPEN AM 9:00-PM 11:00
(주말 금,토요일은 AM 1시까지)
PRICE 입장료 및 미니멈 차지 없음

마나라이 비치하우스
Manarai Beach House

누사두아

인도네시아의 라이프스타일 그룹 이즈마야Ismaya에서 운영하는 비치클럽. 작년 여름 리모델링을 통해 새로운 모습으로 거듭난 마나라이 비치하우스는 공개되자마자 많은 이들의 관심을 한 몸에 받고 있다. 2개의 메인 풀과 데이베드로 이뤄진 호젓한 공간은 투명한 해변을 내려다보며 여유를 누리기에 더할 나위 없이 근사하다. 게다가 이곳의 레스토랑은 수백 개의 발리 레스토랑 순위에서 랭킹 10위를 차지할 정도로 훌륭한 맛과 품격을 자랑한다. 먹음직스러운 발리니스 메뉴는 물론이고 기발한 칵테일 리스트를 갖췄으니 미식가라면 놓치지 말 것.

FOR WHOM : 물 좋은 곳에서 클럽 입문을 해보고 싶다면
Tip. 행사가 잦은 비치클럽으로, 홈페이지에서 미리 확인하고 가는 것이 좋다.

3

① 마나라이 비치 앞에 자리 잡고 있는 메인 수영장
② 청량감 있는 블루 컬러 해변이 포토제닉하다
③ 셀 수 없을 정도로 다양한 종류의 칵테일을 만나볼 수 있는 비치 바 ④ 트로피컬한 느낌이 한껏 살아 있는 칵테일

나무 그늘이 시원하게 드리운 수영장과 풀 바

4

1

2

① 르네상스라는 브랜드에 맞게 수질과 환경의 청결함을 중요시한다
② 보통 맑은 바다 인근의 비치클럽은 절벽에 위치하고 있어서
해변으로의 접근성이 떨어지는데 비해, 이곳은 수영장과 해변에서의
태닝 모두를 즐길 수 있다

8 루스터피시 비치클럽
Roosterfish Beach Club

판다와

빌리 남쪽의 해변, 판다와 비치는 끊임없이 진화하는 지역이다. 이 변화
를 발 빠르게 감지한 르네상스 호텔에서 새로운 비치클럽을 선보였다.
스미냑과 꾸따 등 시내에서 차량으로 1시간, 오토바이로 40분가량 소
요되는 외딴 동네지만, 예상보다 많은 여행자들이 이곳으로 발길을 향
하고 있다. 인기 요인은 가격인데, 같은 값이면 보다 나은 서비스와 이국
적인 경관을 즐기겠다는 심산이라면 이만한 비치클럽도 없기 때문이다.
또한 앞마당처럼 사유 해변이 맞닿아 있어 내키는 대로 해수욕을 즐기
기에도 좋다. 참고로 입장료와 데이베드 대여료를 지불하면, 비치클럽
내 메뉴를 현금처럼 사용할 수 있다.

FOR WHOM : 지금 막 떠오르기 시작한 동네, 내가 먼저 탐색하고 싶다면
Tip. 대개 저녁 7시에 영업을 마감하는데, 이벤트 혹은 파티가 있는 날은 새벽
무렵까지 머물 수 있다. 공식 웹사이트를 체크할 것.

SHOP INFO >>>

ADD. Jl.Pantai Pandawa, Kutuh, Kec,
Kuta Selatan, Kabupaten Badung, Bali
TEL 0361)2003588
WEB www.roosterfishbeachclub.com
OPEN AM 10:00-PM 7:00
PRICE 입장료 150,000IDR / 데이베드 750,000IDR
(위스키 사워 150,000IDR / 페퍼로니 피자 140,000IDR)

4

3

5

③ 이벤트가 있는 날은 카바나, 데이베드는 물론이고,
스탠딩 테이블마저도 만석이기에 부지런히 움직여야 한다
④ 통후추가 듬뿍 뿌려진 알싸한 스파이시 페퍼로니 피자는
매콤한 맛을 선호하는 한국인 입맛에 제격이다
⑤ 판다와는 주변은 광공해가 없어 한밤의 불꽃 축제가
한층 더 아름답게 보인다

9 아르토텔 비치클럽
Artotel Beach Club

사누르

사누르는 잔잔한 바다와 한갓진 분위기를 간직한 동네다. 유흥시설이 여느 해변 지역에 비해 확연히 적기 때문에, 가족 단위로 발리 한 달 살기를 한다면 가장 적합한 지역이기도 하다. 그 때문에 비치클럽 역시 스미냑, 꾸따의 비치클럽과는 그 성격이 사뭇 다른 편이다. 태닝 오일을 듬뿍 바른 몸짱보다 비치웨어를 입고 책을 읽는 사람들의 비중이 훨씬 높달까. 고운 모래의 전용 해변을 품은 이곳은 사누르의 대표적인 비치클럽으로, 직원들의 친절한 서비스와 탁월한 가성비가 매력적인 공간이다. 커플이라면 풀 바 옆에 늘어선 싱글 데이베드를, 아이가 있는 가족이라면 해변 앞 더블 데이베드를 빌려 시간을 즐겨 보기를.

FOR WHOM : 가족, 연인과 함께 느긋한 시간을 보내고 싶다면
Tip. 오후 4~5시쯤 방문해서 식사와 함께 선셋을 즐기기에 좋은 비치클럽.

SHOP INFO >>>

ADD. Jl. danau tamblingan No.35, Sanur, Kec, Denpasar Sel, Kota Denpasar, Bali
TEL 62)03614491888
WEB www.artotelbeachclub.com
OPEN AM 8:00-PM 8:00
PRICE 입장료는 없으나 테이블 및 데이베드 크기에 따라 미니멈 차지 있음

성인 전용 수영장에는 풀 바가 있고, 그 옆으로는 아이들이 놀 수 있는 얕은 수영장이 자리한다

① 태닝하기에 좋은 정오와 일몰 직전이 가장 붐비는 시간이다
② 데이베드부터 빈백 선베드 단체석까지 다양하게 준비되어 있다
③ 사누르의 해변은 파도가 세지 않고 얕아서 아이들과 동행하기에도 좋다 ④ 이국적인 정취가 돋보이는 아르토텔 비치클럽 입구

101

10 플라밍고 발리 패밀리 비치클럽 기안야르
Flamingo Bali Family Beach Club

발리의 유일무이한 패밀리 비치클럽. 기안야르의 사바 비치에 위치하고 있어서 우붓 일정이 있는 날 방문하기 좋은 곳이다. 공간 전반이 형형한 캔디 컬러로 빛나기 때문에 포토제닉한 인증 사진을 남기기 좋다. 여행객이 많은 지역인 데 비해 입장료와 메뉴가 저렴한 편이라 부담 없이 즐길 수 있다. DJ 파티로 흥성거리는 여느 비치클럽과는 달리 조용하고 한적한 것이 장점. 낮에는 태닝하는 커플들이 많고, 해 질 즈음엔 아이들과 함께 방문하는 가족 단위 고객이 두드러지는 편이다. 패밀리 비치클럽이라도 성인 수영장과 어린이용 수영장이 구분되어 있어서 커플, 가족 모두 만족할 수 있다.

FOR WHOM : 오붓하고 건강한 시간을 보내고 싶다면

Tip. 대개 저녁 8시에 영업을 마감하는데, 이벤트 혹은 파티가 있는 날은 새벽 무렵까지 머물 수 있다. 공식 웹사이트를 체크할 것.

SHOP INFO >>>

ADD. Jl.Pantai Saba, Saba, Kec, Blahbatuh, Kabupaten Gianyar, Bali
TEL 0361)4795777
WEB www.theflamingobali.com
OPEN AM 8:00-PM 8:00
PRICE 입장료 100,000IDR
(비치클럽 내에서 현금처럼 사용)

① 달콤한 캔디를 연상케 하는 컬러감으로 여성들에게 인기가 많은 레스토랑 ② 비치클럽과 잘 어울리는 플라밍고 튜브는 무료로 이용할 수 있다 ③ 인스타그램에서 가장 많이 볼 수 있는 플라밍고 비치클럽의 포토 플레이스 ④ 성인용 메인 수영장과 어린이용 서브 수영장이 나누어져 있어서 편리하다

가족 단위 여행자에 대한 배려가 느껴지는 어린이용 수영장 아이들이 좋아할 만한 놀이감들이 구비돼 있어 시간가는 줄 모르고 물놀이를 할 수 있다

1

2

11 코무네 비치클럽
Komune Beach Club

기안야르

검은 모래사장에 몰아치는 파도와 호젓한 사유 해변을 누리고 싶다면. 이곳은 코무네 리조트의 부속 시설이지만, 투숙객 외 모든 방문객에게 열려 있다. 덕분에 휴양객뿐 아니라 다이내믹한 웨이브를 즐기는 서퍼들도 즐겨 찾는 곳이다. 일대에서는 입지가 탄탄한 비치클럽임에도 시내에서 조금 떨어져 있기 때문에 크게 붐비지 않는 것이 장점이다. 검은 모래로 인해 검푸르게 빛나는 바다, 그와 대조적으로 밝은 에메랄드 빛 수영장이 독특한 매력으로 다가온다. 수영장 주변의 데이베드는 공간이 넉넉해서 3~4명이 함께 사용해도 무방하다.

FOR WHOM : 서핑과 휴식을 함께 즐기고 싶다면

SHOP INFO >>>

ADD. Jl.Pantai Keramas, Medahan,
 Kec, Blahbatuh, Kabupaten Gianyar, Bali
TEL 0361)3018888
WEB www.komuneresorts.com
OPEN AM 10:00-PM 8:00
PRICE 데이베드 미니멈 차지
30,000IDR(식사&음료 주문) / 레스토랑 테이블은
미니멈 차지 없이 수영장 무료이용

3

①, ② 건기에 방문하면 구름 한 점 없이 맑은 하늘과 맞닿아 있는 블랙 샌드 비치의 이국적인 풍광을 즐길 수 있다
③ 좁다란 숲길 사이의 앙증맞은 이정표
④ 코무네 비치클럽은 서퍼들을 위한 서핑 세션과 함께 다양한 놀이 프로그램을 준비돼 있다

수영장 주변에 있는 데이베드는 한 가족이 이용할 수 있을 정도로 넓고 여유롭다

4

타일 장식이 귀여운 테이블은 낮과 밤 모두 인기 있는 테이블 중 하나다

SHOP INFO >>>

ADD. jl.kayu jati No.9X,Petitenget, Kerobokan Kelod, Kec Kuta utara Kota Denpasar, Bali
TEL 62)0361736688
WEB www.motelmexicola.info
OPEN AM 11:00-AM 1:00
PRICE 식사 메뉴 70,000IDR부터 / 음료 50,000IDR부터

'키스KISS'라는 달콤한 이름의 칵테일 60,000IDR

1 모텔 멕시콜라 Motel Mexicola

낮에는 맛있는 멕시칸 요리와 함께 인스타그램 피드를 장식하려는 여행자로 붐비다가, 밤에는 흥겹고 야한 클럽으로 변신한다. 때문에 발리의 '인스타그래머블'한 장소를 얘기할 때 첫손가락에 꼽히는 곳. 알록달록한 컬러와 센스 넘치는 인테리어 덕에 입구에서부터 사진 찍으려는 손님들이 줄을 선다. 요리도 꽤 훌륭하고, 소품 하나하나까지 직접 현지에서 공수해 온 것들로 채워진 공간 또한 이색적이다. 알아둬야 할 사실 2가지. 월요일부터 일요일까지, 주 7일 클러빙이 가능하다는 것. 그리고 빨라야 밤 10시부터 흥이 오르기 시작한다는 것이다.

Tip. 입장료가 별도로 없는 곳이라 스탠딩으로도 충분히 분위기를 즐길 수 있다. 주말이라면 스테이지 앞 테이블은 예약 필수다.

① 화려한 컬러의 멕시콜라는 조명이 켜지는 밤이 되면 한층 이국적인 분위기를 자아낸다 ② 자체 제작한 MD상품들은 바로 이 멕시콜라에서만 현장 구매 가능하다 ③ 실내인지 야외인지 구분이 잘 가지 않는 묘한 콘셉트의 스테이지. 밤에는 들어서자마자 후끈한 열기가 느껴진다

바삭바삭한 옷을 입은 통통한 튀김 새우는 멕시콜라 특제 소스와 함께 먹을 때 완벽하다

제대로 춤추고 싶을 때,
스미냑 나이트클럽 *BEST 3*

● 라 파벨라 La Favela

발리의 모든 택시 기사들이 알고 있는 클럽, 라 파벨라. 외관을 보면 클럽인지 레스토랑인지 구분이 잘 안 되는데 이는 지극히 당연한 반응이다. 라 파벨라는 오후에 오픈해서 레스토랑으로 운영을 하고, 밤이 되면 테이블을 치운 뒤 클럽으로 변신한다. 스미냑의 메인 스트리트에 위치하는데, 주말 교통체증이 다 이곳 때문이라 할 만큼 인기가 많다. 별도의 입장료가 없기 때문에 외부에서 한잔하고 가서 신나게 춤 출 수 있는 코스로도 좋다. 밤 11시부터가 라 파벨라의 본격적인 댄스 타임. 발 디딜 틈 없이 많은 인파가 몰리기 때문에, 모두를 만족시키는 인기 팝을 들을 수 있다.

Tip. 여자는 복장 제한 없으나, 남자는 민소매 상의는 입장이 불가하다. 부득이하게 민소매를 입었을 경우 라 파벨라 입구에서 판매하는 무지 티셔츠를 구매할 수 있다.

ADD. Jl.Laksamana Oberoi No.177X Seminyak, Kec, Kuta Utara, Kabupaten Badung, Bali **TEL** 0818)02100010 **WEB** www.lafavelabali.com **OPEN** PM 5:00-AM 5:00 **PRICE** 빈땅 맥주 50,000IDR / 칵테일 100,000IDR부터

● 미러 라운지 & 클럽 Mirror Lounge & Club

트렁크 안에 비장의 클럽용 의상을 고이 모셔왔다면, 당장 이곳으로 달려갈 것. 발리는 클럽이라고 해도 보통 데님 핫팬츠에 슬리브리스 정도의 편한 복장을 즐기는 편인데, 이곳은 완벽한 드레스업을 해야 돋보이는 클럽이다. 유럽 고딕 양식으로 지어 올린 듯 웅장한 실내 인테리어와 화려한 조명은 단연 발리에서 1등이라 손 꼽을 만 하다. 근사한 실내 유리 장식 덕에 각종 방송 촬영의 무대로 활용되기도 한다. 입장료와 메뉴 모두 가격대가 꽤 높은 편이라 발리 사교계 인사들이 즐겨 찾는 명소로도 유명하다. 발리에서 생긴 일을 꿈꾸는 사람이라면 이곳에서 주말을 불태우길.

ADD. Jl.Petitenget No.106, Kerobokan Kelod, Kec, Kuta Utara, Kabupaten Badung, Bali **TEL** 0361)8499800 **WEB** www.mirror.id **OPEN** PM 11:00-AM 5:00 **PRICE** 입장료 300,000IDR(이벤트 유무에 따라 입장요금이 수시 변함)

● 로스 그링고스 멕시칸 테킬라리아 Los Gringos Mexican Tequileria

평소 클럽이나 드레스업을 즐기진 않지만 여행 온 김에 기분은 내고 싶다? 그렇다면 이곳이 정답이다. 초저녁까지는 멕시칸 요리를 즐기는 여행객이나 가족 단위의 손님들이 많지만, 늦은 밤이 되면 시끌벅적한 음악과 함께 자유분방한 분위기를 한껏 느껴볼 수 있는 장소로 탈바꿈한다. 예약 손님보다 워크인 손님이 압도적으로 많은데, 밖으로 새어 나오는 흥겨운 리듬과 떠들썩한 분위기가 발길을 사로잡는 까닭이다. 스미냑의 메인 쇼핑 거리에 위치하고 있어서 접근성과 치안이 좋은 편이므로 혼자 놀러 온 여행자에게 추천할 만하다.

ADD. Jl.Kayu Aya No.68, Seminyak, Kec, Kuta Utara, Kabupaten Badung, Bali **TEL** 0813)39992650 **WEB** www.losgringosbali.com **OPEN** AM 11:00-AM 3:00 **PRICE** 음료 50,000IDR부터

2 로스트 시티 발리 Lost City Bali

짱구의 루키로 떠오른 클럽. 레스토랑과의 겸업이 대세인 발리의 클럽 신에서 오직 '클러빙'만을 위해 탄생한 독보적인 공간이다. 이곳 클러버들의 만면 엔 나라 잃은 백성처럼 넋을 놓고 놀겠다는 의지가 가득하다. 목요일부터 토요일, 밤 11시부터 새벽 3시까지만 운영하는데, 특별 초대한 DJ가 있거나 파티가 열릴 땐 예외적으로 다른 요일에도 문을 연다. 따라서 미리 홈페이지를 체크하고 방문 하는 것을 추천한다. 다만 이따금 과격한 남성들이 문제를 일으키는 경우가 있으 니, 혼자 방문하는 것은 자제하는 것이 좋다.

SHOP INFO >>>

ADD. Gang. Surf, Canggu, Kec, Kuta Utara, Kabupaten Badung, Bali
TEL 0813)39358122
WEB www.lostcitybali.com
OPEN 목-토요일 PM 11:00-AM 3:00
PRICE 음료 50,000IDR부터

① 해외 유명 DJ뿐 아니라 현지의 인기 DJ들을 초청하는 것으로 유명하다
② 짱구의 클럽 중 가장 큰 규모를 자랑한다

흥겨운 비트에 몸을 맡기다 보면 시간 가는 줄 모르고 에너지를 뿜어내게 된다

© Lost City Bali

close up

제대로 춤추고 싶을 때,
꾸따 & 짱구 나이트클럽 *BEST 4*

릭시 발리 Lxxy Bali

꾸따에서 가장 흥겨운 클럽 중 하나. 순백의 외벽에 화려한 간판을 달아 멀리서도 눈길을 확 사로잡는다. 내로라하는 유명 해외 DJ들을 초청해 다양한 파티를 열어 클러버들을 그러모은다. 요즘 가장 핫한 음악과 함께 세련된 분위기를 만끽하기에 적당하다. 캐주얼한 룩 보다는 드레스업한 복장이 보다 어울리는 곳. 운이 좋으면 내내 흠모했던 세계적인 DJ를 디제이부스 바로 앞에서 볼 수 있으니 기대해도 좋다. 거의 매주 주말마다 새로운 이벤트가 열리기 때문에 공식 웹사이트를 틈틈이 확인할 것.

ADD. Jl.Raya Legian No.71, Kuta, Kabupaten Badung, Bali **TEL** 0813)10030066
WEB www.lxxybali.com
OPEN PM 5:00-AM 4:00 **PRICE** 입장료 150,000IDR

엔진룸 Engine Room

건물 내 3개의 층에서 각기 다른 장르의 음악을 즐길 수 있는 공간. 꾸따의 클럽 거리에서도 눈길을 확 끄는 대형 간판을 내걸었다. 최대 장점은 입장료가 무료라 부담이 없다는 것. 캐주얼한 복장으로 춤추고 놀기에 이만한 클럽도 없다. 다만 다양한 유형의 여행자가 모여 있는 꾸따 특성상 춤이 아닌 사교와 만남에 집중하는 이들이 유독 많다는 점도 알아둬야겠다. 초저녁부터 큰 음악소리로 홍보를 하지만, 밤 11시 정도는 되어야 본격적으로 흥이 오른다.

ADD. Jl.Raya Legian No.61, Kuta, Kabupaten Badung, Bali
TEL 0823)97041938 **OPEN** PM 6:00-AM 5:00
PRICE 입장료 무료

볼트 발리 Vault Bali

한껏 멋 부린 청춘들로 후끈한 분위기를 자아내는 클럽. 첫 방문인데도 오랜 단골처럼 맞아주는 친근한 스태프들과 분방한 분위기가 매력적이다. 자유로운 영혼의 외국인 서퍼들이 즐겨 찾는 곳으로도 소문이 자자하다. 게다가 저녁 9시부터 11시까지는 'Buy 2 Get 1' 이벤트를 진행하니 취흥을 한껏 돋울 수 있다. 다만 짱구 지역의 깊숙한 뒤안길에 위치하고 있어서 한밤중 숙소로 돌아가는 일이 쉽지 않다. 방문을 계획한다면, 오토바이를 이용하거나 미리 택시 기사를 대기 시켜놓는 것이 좋다.

ADD. Jl.Pantai Berawa No.99, Tibubeneng, Kabupaten Badung, Bali
TEL 0817)612959 **WEB** www.vaultbali.com
OPEN PM 8:00-AM 4:00 **PRICE** 음료 50,000IDR부터

럭키 스트리트 바 Lucky Street Bar

발리의 트로피컬한 분위기가 물씬한 야외 바. 짱구 사람들은 주말이면 이곳에서 간단한 스낵과 함께 맥주를 마시며 분위기를 돋운 후, 올드맨으로 이동해 흥을 분출하며 시간을 보낸다. 시원한 밤바람을 느끼며 밴드 라이브 공연을 즐길 수 있는 공간으로, 춤에 몰두하는 것 보다 음악을 즐기고 주변 손님들과 어울리는 재미가 쏠쏠하다. 아마 빈땅 맥주 한 병 마시는 동안 여행자 친구 서너 명쯤 거뜬히 사귈 수 있을 것이다.

ADD. Jl.Subak, Canggu, Kec, Kuta Utara, Kabupaten Badung, Bali **TEL** 0361)7090246
WEB www.lucky-street-bar.business.site
OPEN 정오-자정
PRICE 식사 메뉴 60,000IDR부터

1 마갈리 파스칼 Magali Pascal

프렌치 감성이 묻어나는 숍. 프랑스 출신 디자이너가 발리에서 제작한 의상들을 접할 수 있는데, 시원하고 부드러운 옷감과 섹시한 디자인으로 여심을 홀린다. 예기치 못하게 럭셔리 클럽이나 파인 다이닝을 방문하는 경우, 이곳에 들러 멋을 내면 된다. 마갈리 파스칼 매장에는 또 다른 프랑스 액세서리 디자이너인 리루버드leeloobird 제품이 숍인숍으로 입점되어 있어 함께 연출할 소품까지 한 번에 해결할 수 있다. 발리 물가에 비해 높은 가격이지만, 한국에서 쉽게 찾을 수 없는 소재와 디자인이라 소장 가치가 충분하다.

SHOP INFO >>>
ADD. Jl.Raya Seminyak No.62, Seminyak, Kuta
Utara, Kabupaten Badung, Bali
TEL 0361)737907 **WEB** www.magalipascali.com
OPEN AM 9:00-PM 9:30
PRICE 원피스 1,000,000IDR부터

① 롱 드레스부터 마이크로 미니 쇼츠까지, 다양한 제품군을 선보인다
② 군더더기 없이 딱 떨어지는 미니멀한 디자인의 액세서리
③ 이제 갓 입고된 신상품은 정가로만 판매하고 있다

2 케이 & 아이 카유아야 K&I Kayu Aya

반짝이는 아이템으로 흘러 넘치는 보물섬 같은 공간. 소재의 독특함 때문에 폭넓은 고객층보다는 열광적인 단골을 거느린 숍인데, 특히 스팽글 소재를 사용한 크고 작은 소품과 의상이 눈에 띈다. 특별한 날 튀고 싶은 당신에게 어울리는 물건이 가득하다. 매일매일 색다른 장소에서 파티가 열리는 휴양섬인 만큼, 다양한 드레스 코드를 소화해야 할 때 이곳에서 훌륭한 해답을 찾을 수 있다.

① 홈드레스마저도 평범함을 거부한다
② 볼드한 장식의 액세서리들 ③ 화려한 문양의 파우치는 간단한 소지품을 담기에 좋다

SHOP INFO >>>
ADD. Jl.Kayu Aya No.08, Seminyak, Kuta Utara, Kabupaten Badung, Bali
TEL 0361)8478238 **OPEN** AM 9:00-PM 9:00
PRICE 스팽글 파우치 150,000IDR부터

3 팜 라군 오베로이 Palm Laggon Oberoi

팜 라군은 발리 내 여러 쇼핑몰에 입점한 브랜드다. 휴양지 분위기가 물씬 풍기는 패브릭과 문양을 만나볼 수 있어 매력적이다. 발리는 유독 비키니 가격이 2~3배가량 높은 편인데, 이곳에서는 비교적 저렴한 가격에 구매할 수 있다. 스미냑 카유 아야 거리에 자리한 이곳 매장에서는 비치웨어를 메인으로 선보이고, 평소 입을 수 있는 캐주얼한 의상과 액세서리 제품까지 함께 진열해 놓았다. 매장 한편에는 남성복 코너도 마련되어 있다.

SHOP INFO >>>
ADD. Jl.Kayu Aya No.33, Seminyak, Kuta Utara, Kabupaten Badung, Bali
WEB www.palmlagoon.co.id
OPEN AM 9:00-PM 11:00
PRICE 휴양지 패션의 포인트 액세서리 팔찌 450,000IDR

① 휴양지 분위기와 잘 어울리는 화려한 프린트의 남성 제품들
② 비치웨어로 안성맞춤인 비키니와 로브 ③ 열대 분위기가 물씬한 디자인의 비치백도 판매하고 있다

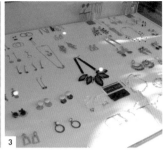

4 나타샤 간 Natasha Gan

강렬한 컬러와 기하학적 패턴으로 아방가르드한 스타일을 제안하는 곳. 따라서 무채색 계열을 선호하는 사람은 흥미를 못 느낄 수 있다. 다만 매력적인 건 언제나 '클리어런스' 세일 코너를 운영하고 있다는 점이다. 잘만 살피면 절반 가격으로 내게 꼭 맞는 멋진 물건을 발견할 수 있다. 유럽, 호주 등지에서 온 여행자들이 선호하는 스타일의 의상과 액세서리들이 많은 편이라, 다채로운 스타일을 시도하고 싶다면 한 쯤 방문할 만하다.

SHOP INFO >>>

ADD. Jl.Kayu Aya No.11, Seminyak, Kuta Utara, Kabupaten Badung, Bali
TEL 0857)37203458 **WEB** www.natashagan.com
OPEN AM 9:00-PM 10:00 **PRICE** 서머 셔츠 700,000IDR부터

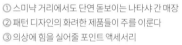

① 스미냑 거리에서도 단연 돋보이는 나타샤 간 매장
② 패턴 디자인의 화려한 제품들이 주를 이룬다
③ 의상에 힘을 실어줄 포인트 액세서리

5 이사 볼더 Isa Boulder

감각적인 비치웨어를 선보이는 숍. 만져보지 않아도 느껴질 만큼 고급스럽고 드레시한 소재, 독특하면서도 감각적인 디자인을 자랑하는 데다, 캐주얼과 하이엔드를 자유자재로 넘나드는 스타일이라 활용도도 높다. 다양한 종류의 신상품도 자주 업데이트되는데, 비싼 가격이 유일한 흠이다. 쇼핑거리로 가득한 스미냑 거리에서 간판조차 달지 않고 영업하는데, 구글맵에서도 위치를 찾을 수 없어 아는 사람만 보물찾기 하듯 알음알음 방문한다. 참고로 주소는 숍 바로 맞은편의 호텔 우 빠샤 스미냑 발리U Paasha Seminyak Bali로 기재했으니 주변을 잘 살피고 찾아갈 것.

SHOP INFO >>>

ADD. jl.Laksmana No.77, Seminyak, Kuta Utara,
Kabupaten Badung, Bali
WEB isaboulder.com **OPEN** AM 10:00-PM 9:00
PRICE 실키 블라우스 1,200,000IDR

① 디자이너의 자부심이 느껴지는 진열대 ② 커텐으로 가려져 그 내부를 짐작하기 힘든 매장 ③ 흔한듯 흔하지 않은 감각적인 디자인의 의상들

6 비치 골드 Beach Gold

여신풍의 하늘하늘한 소재와 드레시한 디자인을 선보인다. 호주의 디자이너가 제작, 운영하는 숍으로 발리의 가장 핫한 지역인 스미냑과 짱구 두 곳에서 운영 중이다. 의상 디스플레이를 컬러군으로 분류했기 때문에 취향에 맞는 코너에서 보다 편하게 쇼핑을 할 수 있다. 가볍고 시원한 패브릭의 원피스가 대부분이니, 바닷바람과 함께 연출 사진을 촬영할 때 자연스레 어울린다. 코너마다 의상과 잘 어울리는 소품이 함께 진열되어 있으므로 충동 구매에 유의할 것. 이월 상품을 정기적으로 세일해 운이 좋다면 매력적인 가격으로 내게 꼭 맞는 물건을 구할 수 있다.

SHOP INFO >>>

ADD. Jl.Kayu Aya No.54, Seminyak, Kuta Utara, Kabupaten Badung, Bali
TEL 0821)46461001
WEB www.beachgoldbali.com
OPEN AM 9:30-PM 9:30
PRICE 원피스 700,000IDR부터

① 레드 컬러의 의상들과 코디하기 좋은 포인트 소품들 ② 발리만의 감성을 담아낸 다양한 디자인의 클러치백 ③ 홈웨어로 좋은 쇼츠를 할인 판매 중이다 ④ 매장 디스플레이는 간결하고, 분위기는 쾌적하다 ⑤ 잔잔한 플라워 패턴이 매력적인 이번 시즌 신상품

STAY FOR A MONTH
in bali

발리, 살아보는 거야

생애 가장 아름다운 한 달을 꿈꾼다면,
발리의 여행 생활자가 되어 구석구석을 누벼볼 때다.
덴파사르의 로컬 와룽에 앉아 나시 짬뿌르를 먹고,
사누르의 해변에서 노을을 바라보는 것이다.

발리 한 달 살기

시작이 반이다, 목표 세우기

많은 사람들이 꿈꾸는 발리에서의 한 달. 이 황금 같은 시간을 어렵게 손에 쥐었다면, 당신의 지상과제는 한 톨의 아쉬움 없이 여행 생활자로서의 삶을 꾸리는 것이다. 우선 나만의 한 달 살기 목표를 명확히 해야 한다.

- ☑ 럭셔리한 일탈을 즐길 것인지
- ☑ 발리 전역을 탐방하며 모험가의 포부를 이룰 것인지
- ☑ 허름한 오토바이 한 대 렌트해서 로컬 발리니스의 생활을 제대로 누릴 것인지

당연하게도 발리는 레벨 1부터 10까지 모든 삶의 형태가 가능한 곳이다. 아직 한 달 살기가 막연하게만 느껴진다면, 김발리의 일상을 통해 맛보기를 해보자.

김발리의 한 달

일과 오전에는 집에서 20분 거리의 우다야나 대학에서 인도네시아어를 공부한다. 오후 1시 반이면 클래스를 마치기 때문에 이후의 시간은 완벽한 자유. 발리 초반 생활에는 하루가 멀다하고 비치클럽, 바다를 쏘다녔지만 지금 한 달에 2번 정도 갈까 말까다. 보통 오후 시간에는 현지인 친구들을 만나서 수다 삼매경을 하거나 집에서 혼자 글을 쓰거나 영화를 보기도 한다.

주거 한 달에 한화 40만 원 정도의 타운하우스. 원룸이지만 한국과 비교할 수 없을 정도의 큰 크기에 거실과 키친이 별도로 분리되어 있다. 타운하우스 내에 대형 수영장이 있지만 이용하는 사람들은 잠시 놀러온 몇몇 여행자들뿐. 조용하고 한적하기 그지없다.

여가 주말엔 지갑을 연다. 덴파사르를 벗어나, 스미냑, 짱구와 같은 외국인이 많은 곳을 찾는다. 새로 생긴 레스토랑에서 저녁을 먹거나, 파티가 있는 비치클럽을 방문하기도 한다. 혹은 마음이 맞는 친구와 함께 오토바이를 내달려 멀리 우붓까지 가서 콧바람을 넣기도 한다. 장소가 한국에서 발리로 바뀌었을 뿐, 압구정에서 가로수길, 성수동을 거쳐 종로가 뜨는 것처럼 이곳 역시 새로 생기고 사라지고 하는 숍들이 즐비하고 인기 많던 지역이 수그러들고 다른 지역이 핫해지고를 반복한다. 덕분에 한 달이라는 시간은 생각보다 눈 깜짝할 사이에 지나가곤 한다.

그리고 예산!

덴파사르를 중심으로 지낸 한 달은 한화 30만 원, 주말마다 핫플레이스를 찾아 좀 많이 놀았다 싶은 달은 60만 원 정도의 생활비가 든다. 물론 넋 놓고 지출하면 200, 300만 원도 가볍게 쓸 수 있는 것이 발리다. 블로그를 통해 받는 많은 질문 중 하나가, '한 달 기준으로 대충 얼마 정도 예상하면 되나요?'인데 앞서 언급한 바와 같다. 생활비는 냉정히 본인이 하기 나름이다.

슬기로운 발리 생활을 위한
페이스북 페이지

페이스북은 여전히 발리에서 가장 대중적인 SNS 플랫폼이다. 인도네시아는 자국 포털 사이트가 없기 때문에, 정보를 검색할 때 구글과 페이스북을 사용하는 경우가 많다. 집을 구하는 것, 사람을 고용하는 일, 심지어 파티 홍보까지도 페이스북 내의 다양한 커뮤니티를 통해서 해결할 수 있다.

발리 크라임 리포트

www.facebook.com/groups/
balicrimereports

발리에서 새롭게 시작하는 정책, 바뀐 여행객 서비스 또는 발리 내에서 벌어지는 사건·사고까지 모두 올라오는 커뮤니티다. 여행객들에게 중요한 정보인 '오버 스테이 가격 상승'이라든가, 꾸따의 유명 클럽이 문을 닫았다든가 하는 기사를 한눈에 볼 수 있다. 단기 여행자의 경우에는 크게 신경 쓰지 않아도 되지만, 장기 여행을 계획하는 이라면 유용한 정보를 이곳에서 얻을 수 있다.

발리 마켓 플레이스

www.facebook.com/groups/
1399945296911780

발리의 '중고나라'로 봐도 무방하다. 중고 물품 거래 커뮤니티로, 주전자부터 자동차까지 폭넓은 거래가 이뤄진다. 장기 거주를 했던 사람들이 다시 이주를 하면서 물건을 값싸게 내어 놓는 '무빙 세일'을 열기도 하는데, 가구와 전자제품 등을 싼 가격으로 구할 수 있는 기회다. 거래는 반드시 만나서 물건을 받고 돈을 건네야 하는 아날로그 방식으로 이뤄진다. 물건이 제 기능을 하는지도 현장에서 모두 확인해야 한다. 간혹 신나서 집에 들고 왔는데, 돈 주고 산 쓰레기인 경우가 더러 있다.

발리에서 내 방 찾기

덴파사르에 살아야 하는 이유

발리에서의 한 달을 계획한다면, 으레 스미냑이나 꾸따 지역에서 풀빌라 생활을 꿈꾸게 마련이다. 하지만 어떤 지역들은 발리에서도 가장 물가가 비싼 곳으로, 경비의 대부분을 집값에 할애하고 싶지 않다면 굳이 높은 물가를 형성하고 있는 곳에서 지낼 이유가 없다. 하여, 추천하는 곳은 바로 발리의 수도 덴파사르다. 이 일대에는 합리적인 가격에 훌륭한 시설을 제공하는 타운하우스가 곳곳에 자리해 있다. 게다가 혼자 단출하게 지내기에 불편함이 없는 깔끔한 원룸도 꽤 많은 편이다.

부동산 웹사이트로 손품 팔기

덴파사르는 외국인들의 단기 여행의 타깃이 아니기 때문에 에어비앤비, 부킹 닷컴과 같은 유명 숙소 사이트보다는 현지 웹사이트를 활용해야 선택의 폭이 넓어진다.

인터넷을 통해 다양한 숙소를 둘러본 후 몇 곳을 골라 직접 자신의 취향과 목적에 맞는 곳을 찾아가 보는 것이 순서다. 이때, 꼭 숙소의 위치를 구글맵을 통해 한 번 더 확인해 보는 것이 좋다. 웹사이트에서는 대략의 주소만 기재되어 있기 때문인데, 비교적 손쉽게 구글맵으로 사전 확인이 가능하다.

장기 체류자라면 발품 파는 것이 먼저

참고로 발리에는 전세가 없다. 모두 월세로 렌트해야 하며, 당연히 계약 기간이 만기될 경우 전혀 돌려 받지 못한다. 게다가 단기와 장기 거주 모두 선불로 이뤄지기 때문에 꼼꼼하게 집을 살펴봐야 한다. 한 달 이상~1년 이하가량의 장기 체류를 계획하는 사람이라면, 먼저 현지에 도착하여 일주일 정도 호텔에 머물며 직접 발품 팔기를 권장한다. 1년 남짓한 기간을 지내려면 혹시라도 발생할 수 있는 위험 요소를 최소화하는 것이 중요하기 때문이다. 발리에서 가장 문제가 빈번하게 발생하는 것은 전력, 물 부족, 누수의 3가지 문제인데, 이런 문제는 직접 방문해야만 눈으로 확인이 가능하다. 전력이 부족한 집의 경우에는 에어컨과 드라이기를 동시에 돌려도 전력이 차단되는 문제가 발생한다. 게다가 수돗물 시스템이 없어 펌프를 이용해 지하수를 끌어올리는 발리의 가옥 구조 특성상, 물을 쓰는 것조차 힘들어지는 부작용이 생길 수 있다.

장기 체류한다면
부동산 웹사이트

혼자 지내기에 적합한 원룸을 구한다면

추천 웹사이트 www.mamikos.com

디앤디 꼬스 D&D KOS

콤팩트한 원룸 안에 개인 샤워시설과 TV, 냉장고가 깔끔하게 구비되어 있다. 발리에서는 이런 형태의 숙소를 꼬스KOS 라고 부른다. 주로 교환 학생으로 온 외국인들이 많이 찾는다. 꼬스에 머물고 있는 학생들은 대부분 낮에 학교에서 시간을 보내지만, 저녁이 되면 삼삼오오 공유 주방에 모여 요리를 하기도 하고, 친구가 된 투숙객끼리는 더러 여행을 함께 계획하기도 한다. 지은 지 오래되지 않은 건물이라서 시설이 모던한 것도 장점이다. 혼자서 장기 여행을 계획하고 있다면 외국인 친구를 사귀기에 안성맞춤이다.

SHOP INFO >>>

ADD. Jl.Pulau morotai No.3a, Dauh Puri Klod, Kec, Denpasar Selatan, Kota Denpasar, Bali
TEL 0811)9502909
PRICE 한 달 3,000,000IDR

1년가량 장기 거주용 숙소를 구한다면

추천 웹사이트 www.rumah123.com

따만 아유 타운하우스
Taman Ayu Town House

발리의 테헤란로, 선셋로드에 인접한 숙소다. 스미냑과 꾸따의 중간 지점으로, 탁월한 접근성을 자랑해 발리를 자주 찾고 오래 머무는 외국인들이 즐겨 찾는 곳이다. 덴파사르 지역 안에서도 현지인들이 주로 거주하는 구역인데, 타운하우스 단지 내에 대형 메인 수영장과 레스토랑이 입점해 있어 장기 여행 초심자도 어려움 없이 지낼 수 있다. 매일 오전 하우스 키퍼가 청소를 해주는 것은 기본. 각 룸마다 주방이 있기 때문에 장을 보고, 요리를 해먹는 낭만을 실현할 수 있다.

Tip. 'Kim Bali'를 통해 예약한다는 코멘트를 남기면, 15% 할인 혜택을 받을 수 있다(단, 3일 이상 숙박 시).

SHOP INFO >>>

ADD. Jl.Pulau Galang No.324,Pemogan, Kec, Denpasar Selatan, Kota Denpasar, Bali
TEL 0811)380082 **WEB** www.tamanayu.com
PRICE 1베드룸 기준 한 달 4,700,000IDR
(시즌에 따라 가격 변동 있음)

15% DISCOUNT

Tip. 페이스북으로 집 찾기, 발리 하우스 포 렌트

장기 체류 숙소에 대한 정보를 공유하는 페이스북 커뮤니티. 이곳에 올라온 내 취향의 집을 찾아보고, 이후 에이전트에 연락해 직접 방문할 수 있다. 장기 거주일수록 흥정하기에 유리하다. 에이전트와 만날 때는 직접 빌라에서 만나도 되고, 내가 있는 곳으로 픽업을 요청해도 좋다. **WEB** www.facebook.com/groups/206336312793000

SHOP INFO >>>

ADD. Jl.Arjuna No.25, Dauh Puri Kaja, Kec,
Denpasar Utara, Kota Denpasar, Bali
TEL 0895)604411467
OPEN AM 8:00-PM 10:00
PRICE 타이라테 25,000IDR / 스낵류 20,000IDR

⑩ 미토스 코피 Mitos Kopi

영업시간 내내 혈기왕성한 청춘들로 바글바글한 카페. 고소하게 로스팅한 커피와 맛깔스러운 간식을 여유롭게 즐기기 좋은 곳이다. 음악 하는 두 젊은 이가 의기투합해 오픈한 공간으로, 처음 오는 손님과도 친구처럼 친근하게 대화하는 주인장들의 열린 마음 덕분에 누구든지 편안히 머물다 갈 수 있다. 현지 젊은이들은 이곳에서 약속이라도 한 듯 자연스레 만나고, 모임을 형성하기도 한다. 카페에서 무료로 제공하는 와이파이가 매우 안정적이어서, 프리랜서 작업자들이 즐겨 찾는 공간으로도 이름이 높다.

상큼한 컬러의 타이 라테와 밀크 셰이크

① 시원한 실내에서 노트북 작업을 하고 있는 친구들 ② 이곳에서 구매할 수 있는 원두커피
③ 야외 좌석에서 한담을 나누는 사람들 ④ 미토스 코피는 작지만 실내와 테라스석 모두
보유하고 있다

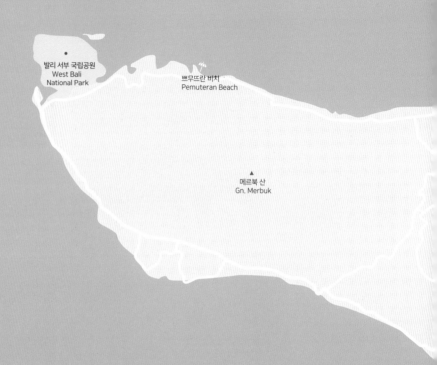

발리 서부 국립공원
West Bali
National Park

쁘무뜨란 비치
Pemuteran Beach

메르북 산
Gn. Merbuk

AREA MAP
bali

발리 지역별 지도

● 볼거리　● 식당　● 쇼핑　● 숙소　● 엔터테인먼트

0   10km

N
W E
S

싱가라자
Singaraja

끼따마니
Kintamani

부얀 호수
Danau Buyan

토야 데바시아
Toya Devasya

바투르 호수
Danau Batur

브두굴
Bedugul

브라딴 호수
Danau Beratan

아궁 산
Gn. Agung

더 까욘 정글 리조트
The Kayon Jungle Resort

띠르따 음뿔 템플
Tirta Empul Temple

까마야 발리
Camaya Bali

상에
Sangeh

테라스 리버 풀 스윙
Terrace River Pool Swing

상에 몽키 포레스트
Sangeh Monkey Forest

우붓
Ubud

기안야르
Gianyar

와룽 바비굴링 뻔데에기
Warung Babi Guling Pande Egi

깐또람쁘 폭포
Wisata air Terjun Kanto Lampo

무지 아트 패밀리
Muji Art Family

플라밍고 발리 패밀리 비치클럽
Flamingo Bali Family Beach Club

코무네 비치클럽
Komune Beach Club

짱구
Canggu

스미냑
Seminyak

덴파사르
Denpasar

렘봉안 섬
Nusa Rembongan

와룽 아디
Warung Adi

아르토텔 비치클럽
ARTOTEL Beach Club

꾸따
Kuta

쁘니다 섬
Nusa Penida

꾸따 슬라딴
Kuta Selatan

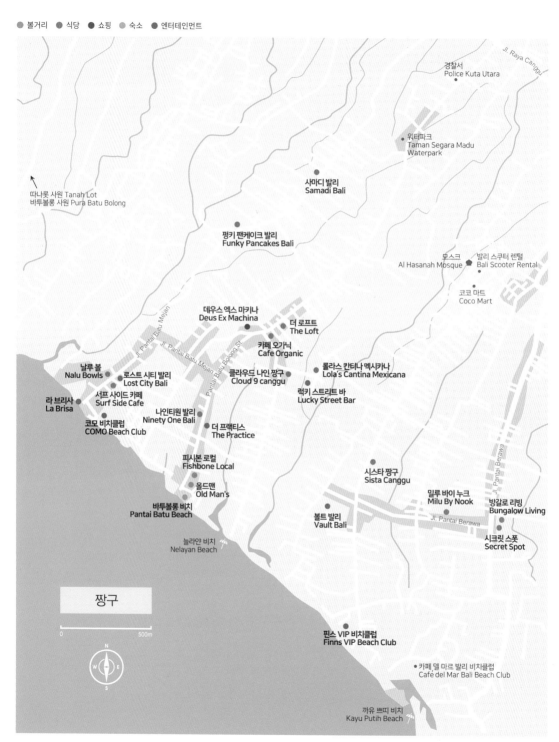

● 볼거리　● 식당　● 쇼핑　● 숙소　● 엔터테인먼트

경찰서
Police Kuta Utara

Jl. Raya Canggu

위터파크
Taman Segara Madu
Waterpark

사마디 발리
Samadi Bali

따나롯 사원 Tanah Lot
바투볼롱 사원 Pura Batu Bolong

펑키 팬케이크 발리
Funky Pancakes Bali

모스크
Al Hasanah Mosque

발리 스쿠터 렌털
Bali Scooter Rental

코코 마트
Coco Mart

데우스 엑스 마키나
Deus Ex Machina

더 로프트
The Loft

카페 오가닉
Cafe Organic

Jl. Pantai Batu Mejan

Jl. Pantai Batu Mejan

Pantai Batu Bolong St.

롤라스 칸티나 멕시카나
Lola's Cantina Mexicana

날루 볼
Nalu Bowls

로스트 시티 발리
Lost City Bali

클라우드 나인 짱구
Cloud 9 canggu

럭키 스트리트 바
Lucky Street Bar

서프 사이드 카페
Surf Side Cafe

라 브리사
La Brisa

나인티원 발리
Ninety One Bali

코모 비치클럽
COMO Beach Club

더 프랙티스
The Practice

피시본 로컬
Fishbone Local

시스타 짱구
Sista Canggu

밀루 바이 누크
Milu By Nook

Jl. Pantai Berawa

방갈로 리빙
Bungalow Living

올드맨
Old Man's

바투볼롱 비치
Pantai Batu Beach

볼트 발리
Vault Bali

Jl. Pantai Berawa

시크릿 스폿
Secret Spot

늘라얀 비치
Nelayan Beach

짱구

0　　　　500m

N
W　　E
S

핀스 VIP 비치클럽
Finns VIP Beach Club

카페 델 마르 발리 비치클럽
Cafe del Mar Bali Beach Club

까유 쁘띠 비치
Kayu Putih Beach

LANDMARK　**따나롯 사원** | 바위섬에 올라선 사원의 풍광이 압도적이다. 썰물 때만 곁을 내어준다.
바뚜볼롱 사원 | 기암 절벽에 세운 사원으로, 일몰이 아름답기로 유명하다.

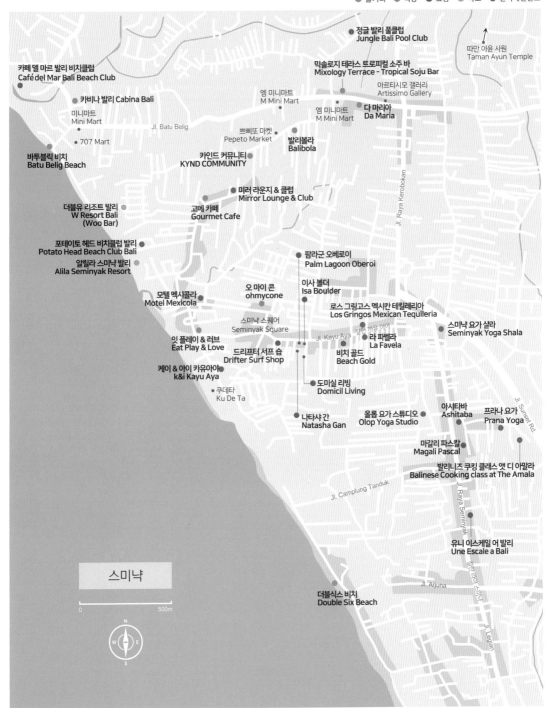

정글 발리 풀클럽
Jungle Bali Pool Club

따만 아윤 사원
Taman Ayun Temple

믹솔로지 테라스 트로피컬 소주 바
Mixology Terrace - Tropical Soju Bar

카페 델 마르 발리 비치클럽
Café del Mar Bali Beach Club

아르티시모 갤러리
Artissimo Gallery

카비나 발리 Cabina Bali

엠 미니마트
M Mini Mart

다 마리아
Da Maria

미니마트
Mini Mart

엠 미니마트
M Mini Mart

Jl. Batu Belig

707 Mart

쁘뻬또 마켓
Pepeto Market

발리볼라
Balibola

바투블릭 비치
Batu Belig Beach

카인드 커뮤니티
KYND COMMUNITY

Jl. Raya Kerobokan

미러 라운지 & 클럽
Mirror Lounge & Club

더블유 리조트 발리
W Resort Bali
(Woo Bar)

고메 카페
Gourmet Cafe

포테이토 헤드 비치클럽 발리
Potato Head Beach Club Bali

팜라군 오베로이
Palm Lagoon Oberoi

알릴라 스미냑 발리
Alila Seminyak Resort

오 마이 콘
ohmycone

이사 볼더
Isa Boulder

로스 그링고스 멕시칸 테킬레리아
Los Gringos Mexican Tequileria

모텔 멕시콜라
Motel Mexicola

스미냑 스퀘어
Seminyak Square

스미냑 요가 살라
Seminyak Yoga Shala

Jl. Kayu Aya

잘란 까유 아야

잇 플레이 & 러브
Eat Play & Love

라 파벨라
La Favela

드리프터 서프 숍
Drifter Surf Shop

비치 골드
Beach Gold

케이 & 아이 카유아야
k&i Kayu Aya

도미실 리빙
Domicil Living

쿠데타
Ku De Ta

아시타바
Ashitaba

프라나 요가
Prana Yoga

Jl. Sunset Rd

나타샤 간
Natasha Gan

올롭 요가 스튜디오
Olop Yoga Studio

마갈리 파스칼
Magali Pascal

발리니즈 쿠킹 클래스 앳 디 아말라
Balinese Cooking class at The Amala

Jl. Camplung Tanduk

Jl. Raya Seminyak

유니 이스케일 어 발리
Une Escale a Bali

잘란 라야 스미냑

Jl. Legian

스미냑

0   500m

더블식스 비치
Double Six Beach

Jl. Arjuna

N
W E
S

LANDMARK 잘란 라야 스미냑 | 스미냑의 고급스러운 부티크들이 늘어서기 시작하는 지점.
잘란 까유 아야 | 스테이크부터 해산물 구이까지, 스미냑의 유명 식당이 한데 집결한 거리.
따만 아윤 사원 | 고요와 명상이 흐르는 사원. 번잡한 스미냑이 질릴 때 찾기 좋다.

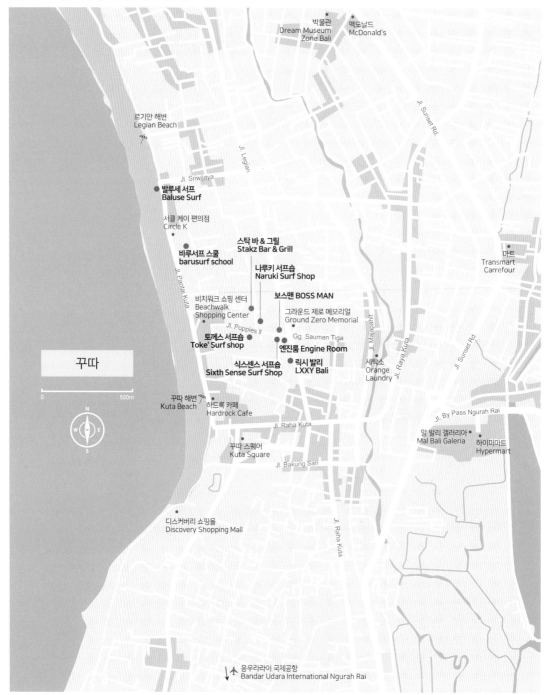

박물관
Dream Museum
Zone Bali

맥도날드
McDonald's

JI. Sunset Rd

르기안 해변
Legian Beach

JI. Legian

JI. Sriwijaya

● 발루세 서프
Baluse Surf

서클 케이 편의점
Circle K

JI. Pantai Kuta

스탁 바 & 그릴
Stakz Bar & Grill

마트
Transmart
Carrefour

● 바루서프 스쿨
barusurf school

나루키 서프숍
Naruki Surf Shop

비치워크 쇼핑 센터
Beachwalk
Shopping Center

보스맨 BOSS MAN

JI. Poppies II

그라운드 제로 메모리얼
Ground Zero Memorial

JI. Mataram

JI. Raya Kuta

JI. Sunset Rd

● 토께스 서프숍
Toke' Surf shop

Gg. Sauman Tiga

● 엔진룸 Engine Room

식스센스 서프숍
Sixth Sense Surf Shop

● 릭시 발리
LXXY Bali

세타소
Orange
Laundry

꾸따

0　　　　500m

N
W　E
S

꾸따 해변
Kuta Beach

하드록 카페
Hardrock Cafe

JI. Raha Kuta

말 발리 갤러리아
Mal Bali Galeria

하이퍼마트
Hypermart

꾸따 스퀘어
Kuta Square

JI. Bakung Sari

디스커버리 쇼핑몰
Discovery Shopping Mall

JI. Raha Kuta

응우라라이 국제공항
Bandar Udara International Ngurah Rai

LANDMARK
비치워크 | 밥집부터 마트까지 모여 있어 원스톱으로 쇼핑을 즐기고, 더위를 식히기 좋다.
꾸따 스퀘어 | 생활용품, 의류, 기념품 등 비치워크에서 놓친게 있다면 이곳을 둘러볼 것.

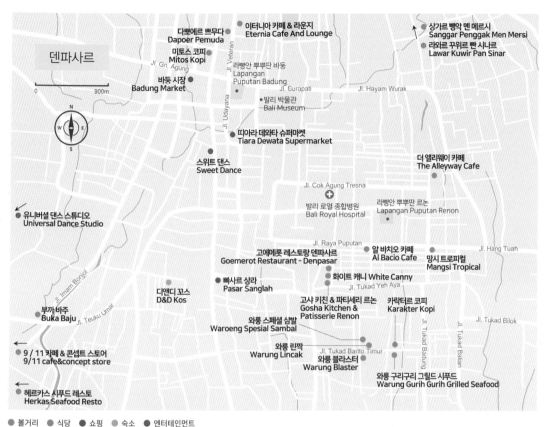

덴파사르

0   900m

다뽀에르 쁘무다
Dapoer Pemuda

이터니아 카페 & 라운지
Eternia Cafe And Lounge

상가르 뻥악 멘 메르시
Sanggar Penggak Men Mersi

라와르 꾸위르 빤 시나르
Lawar Kuwir Pan Sinar

미토스 코피
Mitos Kopi
Jl. Gn. Agung

라빵안 뿌뿌딴 바둥
Lapangan
Puputan Badung
Jl. Suropati   Jl. Hayam Wurak

바둥 시장
Badung Market

발리 박물관
Bali Museum

Jl. Udayana

Jl. Veteran

띠아라 데와타 슈퍼마켓
Tiara Dewata Supermarket

스위트 댄스
Sweet Dance

더 앨리웨이 카페
The Alleyway Cafe

Jl. Cok Agung Tresna

유니버설 댄스 스튜디오
Universal Dance Studio

발리 로열 종합병원
Bali Royal Hospital

라빵안 뿌뿌딴 르논
Lapangan Puputan Renon

Jl. Raya Puputan

알 바치오 카페
Al Bacio Cafe

Jl. Hang Tuah

고에메롯 레스토랑 덴파사르
Goemerot Restaurant - Denpasar

망시 트로피컬
Mangsi Tropical

Jl. Imam Bonjol

디앤디 꼬스
D&D Kos

빠사르 상라
Pasar Sanglah

화이트 캐니 White Canny
Jl. Tukad Yeh Aya

부까 바주
Buka Baju
Jl. Teuku Umar

고샤 키친 & 파티세리 르논
Gosha Kitchen &
Patisserie Renon

카라터르 코피
Karakter Kopi

Jl. Tukad Bilok

와룽 스페셜 삼발
Waroeng Spesial Sambal

Jl. Tukad Badung

Jl. Tukad Balian

와룽 린짝
Warung Lincak

Jl. Tukad Barito Timur

와룽 블라스터
Warung Blaster

9 / 11 카페 & 콘셉트 스토어
9/11 cafe&concept store

와룽 구리구리 그릴드 시푸드
Warung Gurih Gurih Grilled Seafood

헤르카스 시푸드 레스토
Herkas Seafood Resto

● 볼거리 ● 식당 ● 쇼핑 ● 숙소 ● 엔터테인먼트

꾸따 슬라딴

0   350m

웅우라라이 국제공항
Bandar Udara International
Ngurah Rai

이비자 인 발리
IBIZA In Bali

베노아 만
Benoa Bay

Bali Mandara Toll Road

Jl. By Pass Ngurah Rai

Uluwatu St.

니뜨라 자야
Nitra Jaya

마나라이 비치 하우스
Manarai Beach House

싱글핀 발리
Single Fin Bali

르네상스 발리
울루와뚜 리조트 앤 스파
Renaissance Bali
Uluwatu Resort & Spa

가루다 위시누 켄카나 공원
Garuda Wisinu
Kenkana Cultural Park

빠당빠당 비치
Padang
Padang Beach

니르말라 슈퍼마켓 웅안산
Nirmala Supermarket Ungasan

누사두아 해변
Nusa Dua Beach

술루반 서프 비치
Suluban Surf Beach

Jl. Dharamawangsa

울루와뚜 사원
Uluwatu Temple

옴니아 데이클럽 발리
OMNIA Dayclub Bali

루스터피시 비치클럽
Roosterfish Beach Club

Jl. Raya Uluwatu Pecatu

까르마 깐다라
Karma Kandara

원에이티 비치클럽
Oneeighty° Beachclub

판다와 비치
Pandawa Beach

까르마 비치 발리
Karma Beach Bali

LANDMARK

발리 박물관 |
베짱이 가이드만 요령껏
피한다면, 발리의 역사와
전통을 배우기에 더할
나위 없다.

울루와뚜 사원 |
파도 소리 들으며 사원의
고즈넉한 정취를 만끽할
수 있다. 단, 원숭이는
조심해야 한다.

GOING OUT

사누르 비치 |
주요 관광지가 서쪽
바다인 만큼, 동쪽에 위치한
이곳의 풍광은 색다른
아름다움을 안긴다.

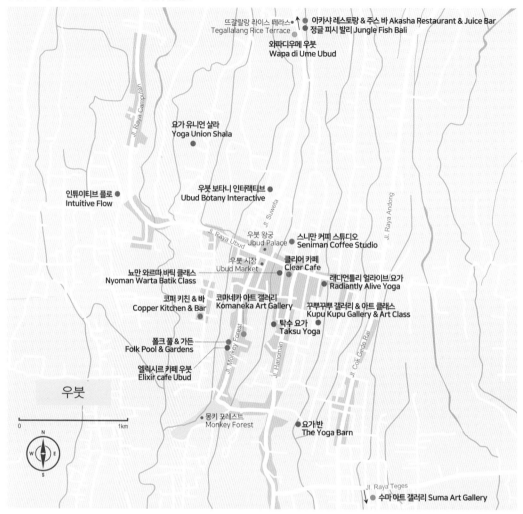

● 볼거리　● 식당　● 쇼핑　● 숙소　● 엔터테인먼트

뜨갈랄랑 라이스 테라스
Tegallalang Rice Terrace

● 아카샤 레스토랑 & 주스 바 Akasha Restaurant & Juice Bar
● 정글 피시 발리 Jungle Fish Bali

와빠디우메 우붓
Wapa di Ume Ubud

요가 유니언 살라
Yoga Union Shala

인튜이티브 플로
Intuitive Flow

우붓 보타니 인터랙티브
Ubud Botany Interactive

Jl. Raya Camputan

Jl. Suweta

Jl. Raya Andong

우붓 왕궁
Ubud Palace

Jl. Raya Ubud

스니만 커피 스튜디오
Seniman Coffee Studio

우붓 시장
Ubud Market

클리어 카페
Clear Cafe

노만 와르따 바틱 클래스
Nyoman Warta Batik Class

래디언틀리 얼라이브 요가
Radiantly Alive Yoga

코퍼 키친 & 바
Copper Kitchen & Bar

코마네카 아트 갤러리
Komaneka Art Gallery

꾸뿌꾸뿌 갤러리 & 아트 클래스
Kupu Kupu Gallery & Art Class

탁수 요가
Taksu Yoga

Jl. Monkey Forest

Jl. Hanoman

Jl. Cok Gede Rai

폴크 풀 & 가든
Folk Pool & Gardens

엘릭시르 카페 우붓
Elixir cafe Ubud

우붓

0　　　　1km

N
W　E
S

몽키 포레스트
Monkey Forest

요가반
The Yoga Barn

Jl. Raya Teges

● 수마 아트 갤러리 Suma Art Gallery

LANDMARK　따만 사라스와띠 사원 | 우붓을 대표하는 하나의 풍경. 연못을 가로질러 사원까지 이어진 길이 가장 포토제닉한 스폿이다.
잘란 수웨타 너머로 우붓 왕궁도 한데 둘러보면 좋다.
잘란 몽키 포레스트 | 잘란 라야 우붓에서 몽키 포레스트로 가는 길. 상점과 부티크, 식당이 늘어선다.
우붓 시장 | 우붓 왕궁 건너 자리한 시장. 흥정만 제대로 한다면, 라탄 가방이나 이국적인 공예품을 쇼핑하기에 좋다.

GOING OUT　뜨갈랄랑 라이스 테라스 | 우붓 일대의 다랑논 중 가장 유명하고, 또 인스타그래머블한 곳이다.
드문드문 늘어선 야자수도 아름답다.

글래머러스 발리

초판 1쇄 2020년 1월 8일

지은이 ㅣ 김수민

발행인 ㅣ 이상언
제작총괄 ㅣ 이정아
편집장 ㅣ 손혜린
책임편집 ㅣ 강은주

디자인 ㅣ 정원경
지도 ㅣ 김은정
표지 이미지 ㅣ ©shutterstock

발행처 ㅣ 중앙일보플러스(주)
주소 ㅣ (04517) 서울시 중구 통일로 86 바비엥3 4층
등록 ㅣ 2008년 1월 25일 제2014-000178호
판매 ㅣ 1588-0950
제작 ㅣ (02)6416-3892
홈페이지 ㅣ jbooks.joins.com
네이버 포스트 ㅣ post.naver.com/joongangbooks

©김수민, 2020

ISBN 978-89-278-1084-1 13980

중앙북스는 중앙일보플러스(주)의 단행본 출판 브랜드입니다.